Da, 7.6.2022

Liebe Michael,

da Du ja in [illegible] nächsten Lebensabschnitt die Lehrende gehst, aber ein Buch, was ich als Erinnerung an unsere ersten Abschnitte habe [illegible] an der Hochschule. Das dürfen [illegible] öffentlichen Textsammlung würde Dir diese [illegible] [illegible] nicht vorenthalten. [illegible] Du den ein oder anderen Vorlesung Jugend für deine Erfahrungsaustausch. Auf den [illegible] mit Dir in der Rolle als Hochschullehrer freue ich mich!

Herzlichst

Dein [illegible]

HELIOS MEDIA
PUBLISHING HOUSE

1. Auflage 2013

Helios Media GmbH
Werderscher Markt 13
D-10117 Berlin
Tel.: +49 (0)30/ 84 85 90
Fax: +49 (0)30/ 84 85 92 00
info@helios-media.com
www.helios-media.com

Herausgeber: Prof. Dr. Thorsten Hofmann, Prof. Dr. Kristina Sinemus
Herausgeber der Reihe: depak-Presseakademie GmbH
Projektkoordination: Henrik Thiesmeyer, Anika Studenroth, Nicole Heyder
Satz und Layout: Mona Karimi
Umschlaggestaltung nach Entwürfen von Marcel Franke
Umschlagbild: »Political Dinner« von William Heath (1821)
Real Life in London, Bd. 1, S. 385
Druck: Print & Media, Möllerdamm 3, 18337 Dänschenburg
Printed in Germany ISBN 978-3-942263-17-7

Partizipation

Neue Herausforderungen für die Kommunikation

Der Wunsch nach mehr Partizipation der Bürger bei großen Bauprojekten – egal ob Projekte der Energiewende, Bau- oder Infrastrukturprojekte –, die massiv in ihre Umwelt eingreifen, ist nicht neu – neu sind jedoch die Möglichkeiten für jeden Einzelnen, sein Bedürfnis nach Beteiligung einzufordern und innerhalb kürzester Zeit Massen zu mobilisieren. Die Vergangenheit hat gezeigt: Entgegen der Masse lässt sich kein großes Vorhaben mehr realisieren. Wer nicht zu einem frühen Zeitpunkt die Öffentlichkeit kommunikativ einbindet, baut kein Vertrauensverhältnis auf. Ist die Beziehung zur Bevölkerung erst einmal gestört, laufen alle Maßnahmen ins Leere. Die Projektverantwortlichen stehen vor der Aufgabe, diesen neuen Herausforderungen auf der juristischen, organisatorischen und vor allem kommunikativen Ebene zu begegnen.

Zu den Autoren

Christian Arns

Arns ist Landesvorsitzender des Berliner Bunds für Umwelt und Naturschutz Deutschland (BUND). Dem Berliner Landesvorstand gehört er seit zwölf Jahren an. Vorher war er drei Jahre Mitglied des Landesvorstands Sachsen-Anhalt. Er war Vorsitzender des Regionalverbands Ost der Deutschen Umwelthilfe (DUH) und Mitglied im DUH-Bundesvorstand. Angefangen hatte sein umweltpolitisches Engagement vor 25 Jahren bei der Mitgliederzeitschrift des BUND in seiner Heimatstadt Köln. Beruflich leitet Arns die Deutsche Presseakademie (depak) in Berlin. Vorher war er Journalist bei Tageszeitungen und Fachzeitschriften sowie Pressesprecher, unter anderem im Bundesjustizministerium. Arns hatte Lehraufträge an der Freien Universität Berlin, der Fachhochschule Magdeburg und der Quadriga Hochschule Berlin.

Ole von Beust

Der Volljurist Ole von Beust war neun Jahre lang Erster Bürgermeister der Freien und Hansestadt Hamburg und arbeitet seit 2010 als selbstständiger Rechtsanwalt und Berater.

Michael Göger, LL.M.
Göger ist Rechtsanwalt der auf Bau- und Vergaberecht spezialisierten Wirtschaftskanzlei Leinemann Partner Rechtsanwälte. Der Schwerpunkt seiner Tätigkeit liegt im Immobilien- und Baurecht.

Dr. Hans-Georg Häusel
Der Diplom-Psychologe zählt international zu den führenden Experten in der Marketing-, Verkaufs- und Management-Hirnforschung. Er ist Mitglied im Vorstand der Gruppe Nymphenburg Consult AG und Dozent an der Hochschule für Wirtschaft in Zürich.

Dr. Marc Oliver Hilgers
Dr. Hilgers ist Seniorpartner der auf Bau- und Vergaberecht spezialisierten Wirtschaftskanzlei Leinemann Partner Rechtsanwälte. Die Schwerpunkte seiner Tätigkeit liegen neben der vergaberechtlichen Beratung im Bau und Anlagenbau bei der projektbegleitenden Betreuung von Großprojekten, insbesondere im Infrastrukturbereich.

Peter Höbel
Höbel ist Managing Partner der ADVICE PARTNERS Unternehmensberatung für Strategie und Kommunikationsmanagement GmbH. Seit 2001 hat er einen Lehrauftrag am Institut für Kommunikations- und Medienwissenschaft der Universität Leipzig und ist Dozent an der Deutschen Presseakademie sowie Gastdozent im Studiengang Risiko- und Compliancemanagement der Hochschule Deggendorf und an der Eidgenössischen Hochschule Zürich.

Foto: Katy Otto

Prof. Dr. Thorsten Hofmann
Prof. Dr. Hofmann ist geschäftsführender Gesellschafter der ADVICE PARTNERS Unternehmensberatung für Strategie und Kommunikationsmanagement GmbH. Er ist Fellow im Fachbereich Politics & Public Affairs der Quadriga Hochschule Berlin und hält eine Professur für Krisen- und Reputationsmanagement.

Tobias Kahler

Kahler, geboren 1974 in Herdecke, Nordrhein-Westfalen, studierte Internationale Beziehungen, Politik und Wirtschaftswissenschaften an der University of North Carolina at Chapel Hill, an der Freien Universität Berlin und an der London School of Economics. Er war unter anderem bei der Hessischen Stiftung Friedens- und Konfliktforschung und dem American Jewish Committee tätig. Von 2002 bis 2004 war er Chefredakteur des Fachmagazins politik&kommunikation, das sich mit politischer PR, Campaigning und Lobbying befasst. Von 2004 bis 2006 war er dessen Herausgeber und Geschäftsführer des Verlags Helios Media mit Sitz in Berlin und Brüssel. Seit Januar 2007 leitet Tobias Kahler die deutsche Sektion der entwicklungspolitischen Lobbyorganisation ONE.

Rainer Knauber

Knauber, geboren 1968 in Saarbrücken, arbeitete nach seiner Ausbildung zum Tageszeitungsredakteur in den 90er-Jahren als Sprecher in Regierungen auf Landes- und Bundesebene. Seit 2001 hatte er verschiedene Positionen in der Energiewirtschaft inne, seit 2010 ist er Generalbevollmächtigter der Vattenfall Europe AG. Ab dem 1. Januar 2013 wird er Leiter Konzernkommunikation der Berliner Gaswerke Aktiengesellschaft (GASAG). Unter dem Titel »Neinsagerland« erschien im Herbst 2011 ein Buch von Rainer Knauber, das die aktuelle Debatte zur Frage von Akzeptanz und Partizipation in den Blick nimmt.

Franziska Krasnici

Krasnici ist Leiterin der Öffentlichkeitsarbeit bei der E.ON Kraftwerke GmbH und verantwortet die Unternehmenskommunikation Regionaleinheit West.

Ralf Kunkel

Kunkel ist Pressesprecher und Leiter der Pressestelle des Flughafens Berlin Brandenburg und kümmert sich um die strategischen und politischen Kommunikationsthemen.

Prof. Dr. Ralf Leinemann

Prof. Dr. Leinemann ist Seniorpartner der auf Bau- und Vergaberecht spezialisierten Wirtschaftskanzlei Leinemann Partner Rechtsanwälte. Er ist anwaltlicher Berater bei einer Vielzahl von Großprojekten insbesondere im Infrastrukturbereich. Neben seiner anwaltlichen Tätigkeit ist er als Schiedsrichter und Lehrbeauftragter an der Hochschule für Wirtschaft und Recht Berlin tätig.

Prof. Dr. Axel Priebs

Der Diplom-Geograf ist seit der Bildung der neuen Gebietskörperschaft »Region Hannover« im Jahr 2001 Dezernent für Umwelt, Planung und Bauen und gleichzeitig als Erster Regionsrat der Vertreter des Regionspräsidenten. Er ist Honorarprofessor für Angewandte Geografie und Raumordnung, Mitglied der Akademie für Landesplanung und Raumforschung sowie der Deutschen Akademie für Städtebau und Landesplanung.

Dr. Peter Ramsauer

Dr. Ramsauer ist seit Herbst 2009 Bundesminister für Verkehr, Bau und Stadtentwicklung. Im März 2012 stellte er den Entwurf »Handbuch Bürgerbeteiligung« vor. Anhand von Untersuchungen abgeschlossener und noch laufender Großvorhaben wurde hierin ein »Werkzeugkasten« von Instrumenten erstellt, die sich innerhalb und zusätzlich zur gesetzlich vorgeschriebenen Beteiligung der Öffentlichkeit bewährt haben und bei künftigen Projekten als Leitfaden dienen können.

Christian Scherg

Scherg ist ein international anerkannter Experte für Onlinestrategieentwicklung. Seine Schwerpunkte liegen bei den Themen Onlinereputationsmanagement und Social-Media-Strategien. Er ist Gründer und Geschäftsführer der Revolvermänner GmbH und gehört zu den Pionieren und Vordenkern des strategischen Reputationsmanagements.

Prof. Dr. Kristina Sinemus

Prof. Dr. Sinemus ist Geschäftsführerin der genius GmbH und Professorin an der Quadriga Hochschule Berlin für Politics & Public Affairs. Die promovierte Biologin bietet Strategieberatung an und ist zertifizierte Mediatorin und Großgruppenmoderatorin.

Elke Spaeth

Die Kommunikationsexpertin Elke Spaeth ist seit 2002 Leiterin der Unternehmenskommunikation und Pressesprecherin der Pfalzwerke AG in Ludwigshafen.

PROF. DR. THORSTEN HOFMANN,
PROF. DR. KRISTINA SINEMUS (HRSG.)

Partizipation

Neue Herausforderungen für die Kommunikation

Mit Vorwort von Dr. Peter Ramsauer
Mit Beiträgen von Ole von Beust, Prof. Dr. Thorsten Hofmann, Prof. Dr. Kristina Sinemus, Dr. Hans-Georg Häusel, Peter Höbel, Prof. Dr. Ralf Leinemann, Dr. Marc Oliver Hilgers, Christian Scherg, Prof. Dr. Axel Priebs, Elke Spaeth, Ralf Kunkel, Tobias Kahler, Christian Arns, Rainer Knauber

Inhaltsübersicht

Aktive Mitwirkung erbeten! Für eine neue Kultur der Bürgerbeteiligung

Dr. Peter Ramsauer MdB, Bundesminister für Verkehr, Bau und Stadtentwicklung

Nicht erst seit »Stuttgart 21« wissen wir: Bei Planung und Realisierung großer Infrastrukturvorhaben wollen die Bürger verstärkt mitreden und mitentscheiden. Gegenüber Behörden, Politik und Unternehmen fordern sie dieses Mehr an Bürgerbeteiligung auch aktiv ein.

Bürgerbeteiligung ist grundsätzlich kein neues Thema. Eine lebendige Demokratie lebt von der offenen Diskussion. Staatliches Handeln muss immer auch kritisch hinterfragbar sein. Das Planungsrecht in Deutschland enthält dementsprechend bereits eine Reihe von gesetzlichen Vorschriften zur formellen Beteiligung. Dies allein reicht aber offenbar nicht mehr aus. Kontroverse Auseinandersetzungen und lähmende Blockaden der jüngsten Vergangenheit führen überdeutlich vor Augen, dass sich in der gelebten Beteiligungskultur etwas ändern muss. Ein bloßes »Abarbeiten« formeller Beteiligungsverfahren genügt nicht. Erwartet wird die Bereitschaft, auf Planungen Einfluss zu nehmen und sie zu verändern. Erwartet wird also Mitwirkung mit echter Wirkung. Aufrichtigkeit, Offenheit, Transparenz und lösungsorientierte Kommunikation sind heute zwingende Voraussetzungen für eine wirksame Bürgerbeteiligung, die ihren Namen verdient.

Eine in diesem Sinne verbesserte Bürgerbeteiligung habe ich mir als Bundesminister für Verkehr, Bau und Stadtentwicklung in den von mir verantworteten Bereichen persönlich zum Ziel gesetzt. Uns muss es darum gehen, Betroffene zu Beteiligten zu machen. Bürgerbeteiligung ist dabei nicht erst im Rahmen eines konkreten Genehmigungsverfahrens für ein einzelnes Verkehrsinfrastrukturvorhaben von Bedeutung. Wir wollen im Verkehr vielmehr bereits auf früheren Planungsebenen ansetzen, zum Beispiel bereits dann, wenn über das grundsätzliche »Ob« eines Vorhabens im Wege der Bundesverkehrswegeplanung entschieden wird. Auch bei geeigneten Gesetzesvorhaben wie z. B. der Reform des Punktesystems im Verkehrszentralregister haben wir erfolgreich den Weg beschritten, Bürger frühzeitig zu beteiligen und zu konsultieren. Die moderne Onlinekommunikation bietet eine hervorragende Plattform, um noch mehr Sachverstand und bürgerschaftliches Engagement in die politische Entscheidungsfindung einzubinden.

Zugegeben: Bei alledem betreten wir zum Teil Neuland. Und sicher werden wir noch Erfahrungen damit sammeln müssen, wie weit die Bürger unseren Weg mitgehen. Ich verstehe diese Mitwirkungsinstrumente aber auch als Anstoß für die allgemeine gesellschaftliche Debatte hin zu mehr und besserer Bürgerbeteiligung – auch auf anderen Politikfeldern. Unser aller Wohlstand und Wohlergehen hängen entscheidend davon ab, inwieweit es gelingt, weiterhin wichtige Vorhaben zu realisieren und die Bürger dabei »mitzunehmen«. Sachverstand ist bei vielen Bürgerinnen und Bürgern in Hülle und Fülle vorhanden. Wir sollten ihn nutzen. Ein Mehr an Bürgerbeteiligung kann so zu einem zusätzlichen Instrument an Qualitätssicherung werden. Bürgerbeteiligung steht dabei nicht losgelöst, sondern ist eingebunden in unsere Verpflichtung zur verantwortungsvollen, am Gemeinwohl orientierten Gestaltung des Landes. Deutschland darf nicht nur das Land der Ideen, sondern muss weiter ein Land der Umsetzung und Weiterentwicklung bleiben.

Vor diesem Hintergrund empfehle ich, im Rahmen der Bürgerbeteiligung von Anfang an die Diskussion mit Gegnern wie auch Befürwortern der jeweiligen Vorhaben zu suchen. Nur bei Berücksichtigung aller entscheidungserheblichen Aspekte ist eine tragfähige Lösung möglich. Mit dem Vorhaben verbundene Beeinträchtigungen Betroffener müssen ernst genommen und Lösungen entwickelt werden. Vorhabenträger sind hierbei gut beraten, bereits zu Beginn der Vorhabenplanung das im konkreten Fall geeignete Beteiligungsverfahren mit zu bedenken. Bürgerbeteiligung muss als Chance und nicht als Risiko verstanden werden: Nur so können Konflikte frühzeitig erkannt, die Planungsergebnisse verbessert und die Identifikations- und Zustimmungsfähigkeit eines Vorhabens erhöht werden.

Entscheidend ist zudem der Zeitpunkt: Damit der Bürgerwille Eingang in die Planung finden kann, muss Bürgerbeteiligung frühzeitig einsetzen, das heißt dann, wenn noch echte Entscheidungsspielräume bestehen. Kontinuierliche Information und Beteiligung über die verschiedenen Planungsphasen hinweg machen mehrstufige Planungs- und Entscheidungsprozesse transparenter und nachvollziehbarer.

Mein Credo lautet: Es gehören nicht nur alle Beteiligten an den Tisch, sondern auch alle Fakten auf den Tisch. Transparenz und Ehrlichkeit bedeuten dabei auch, dass die konkret bestehenden Entscheidungsspielräume von Anfang an deutlich gemacht werden. Es muss nachvollziehbar dargelegt werden, dass sich Entscheidungsspielräume im Planungsverlauf zwangsläufig verringern werden. Gerade in einem fortgeschrittenen Stadium eines mehrstufigen Planungsverfahrens muss klar gesagt werden, inwieweit noch Einflussmöglichkeiten auf in gleichem Maße mitbestimmte Vorfestlegungen bestehen. Demokratische Verfahren binden alle Parteien. Trotz aller Bemühungen werden oftmals Interessenkonflikte bestehen bleiben. Hier sind dann unsere rechtsstaatlichen Mechanismen gefordert, die für den Einzelnen den Schutz seiner Rechte und eine am Allgemeinwohl orientierte Entscheidung sicherstellen.

Politik und Verwaltung haben bereits seit geraumer Zeit begonnen, neue Wege im Bereich Bürgerbeteiligung zu beschreiten. Es steht ein umfassender Instrumentenkasten bereit, wie die gesetzlichen Vorschriften zur Bürgerbeteiligung besser und intensiver genutzt bzw. durch auf den Einzelfall zugeschnittene, zusätzliche informelle Informations- und Beteiligungsangebote ergänzt werden können. Entsprechende Empfehlungen für den Verkehrsinfrastrukturbereich enthält das vom Bundesministerium für Verkehr, Bau und Stadtentwicklung aktuell erarbeitete »Handbuch für eine gute Bürgerbeteiligung«.

Der dort dargestellte Katalog von Möglichkeiten lässt dem einzelnen Vorhabenträger die notwendige Flexibilität, um das auf den konkreten Fall passende Beteiligungsverfahren zu wählen und adäquat auszugestalten. Nun geht es darum, diese Instrumente im Sinne einer echten Beteiligungskultur mit Leben zu füllen.

Beispiele für erfolgreich angelaufene und abgeschlossene Bürgerbeteiligungsmodelle gibt es inzwischen: Zum Beispiel das aktuelle »Dialogforum Feste Fehmarnbeltquerung«, bei dem über eine möglichst die Anrainer schonende Ausgestaltung der schienen- und straßenseitigen Zuführung zum geplanten Tunnel unter der Ostsee zwischen Dänemark und Deutschland beraten und – zugegeben – auch gestritten wird. Oder denken wir an die von einem Projektbeirat gemeinsam mit den Betroffenen vor Ort vereinbarte »Bürgertrasse« zum Ausbau der Rheintalschienenstrecke in Baden-Württemberg. Die dort erzielte Einigung auf eine differenzierte Trassenführung inklusive eines optimierten Lärmschutzes wurde unlängst gar als »Wunder von Offenburg« tituliert (»Süddeutsche Zeitung« vom 18. Juli 2012). Ich denke, dass solche angeblichen Wunder künftig zur Normalität werden sollten. Denn wir brauchen das Miteinander von betroffenen Bürgern und Planern sowie den eigentlichen Vorhabenträgern. Eine anhaltende Dauerkonfrontation über wichtige Verkehrsinfrastrukturprojekte können, dürfen und wollen wir uns nicht leisten.

Bürgerbeteiligung ist also eine Daueraufgabe für uns alle. Sie ist kein bequemer, kein einfacher Weg, aber nach meiner Überzeugung der einzig Erfolg versprechende. Es braucht hierfür Menschen, die eine positive Einstellung zur Beteiligung einnehmen – dies gilt für Behörden, Vorhabenträger und die Projektbetroffenen gleichermaßen.

Ich bin zuversichtlich, dass die Beiträge zu diesem Buch der Etablierung und Verstetigung einer ernst gemeinten Beteiligungskultur auf allen Seiten wichtige Impulse verleihen werden.

Dr. Peter Ramsauer, MdB
Bundesminister für Verkehr, Bau und Stadtentwicklung

Wir da unten, die da oben

Ole von Beust, Erster Bürgermeister der Freien und Hansestadt Hamburg a. D.

Bürger- oder Volksbegehren sind überwiegend gegen ein Vorhaben gerichtet. Wenn sie »für etwas« zu sein scheinen, wie z. B. »für Grünflächen im Zentrum von Hamburg Eidelstedt«, dann sind sie Reflex auf eine geplante Bebauung, richten sich also wieder gegen etwas Geplantes.

Warum eigentlich? Es gäbe doch so viele Dinge, für die man sich als Bürger ereifern könnte, ob auf kommunaler-, Landes- oder Bundesebene.

Ein erster Erklärungsansatz liefert die (vielleicht) unterbewusste Angst eines jeden Menschen vor Veränderungen. Diese hat verschiedene Ursachen:

- Je älter Menschen werden, desto mehr sind sie auf das Bewahren der bestehenden Verhältnisse fixiert. Dies mag hormonelle Gründe haben oder einfach auf der gesammelten Lebenserfahrung basieren, dass Neues oft mit Risiken verbunden ist und die Wirklichkeit des Neuen oftmals anders aussieht als die vorangegangenen Versprechungen und Hoffnungen.

- Unsere Gesellschaft unterliegt derzeit massiven Veränderungen, womit das Bedürfnis wächst, Dinge zu bewahren.
  Wir erleben eine Erosion der klassischen Konfliktlinien bei gleichzeitig steigender Kommunikationsgeschwindigkeit: Wirtschaft und Finanzpolitik sind internationalen Zwängen ausgesetzt, alte Feindbilder und Ideologien wirken nicht mehr. Tradierte- Bindungen durch Parteien, Gewerkschaften, Kirchen etc. nehmen ab und alte Moralvorstellungen lösen sich auf. Die Einflussmöglichkeiten des Nationalstaates in einer globalisierten Welt werden immer geringer.
  Diese Entwicklungen müssten aber nicht zwangsläufig als Bedrohung wahrgenommen werden, sondern könnten auch als Chance, als neue Formen von Freiheit und Partizipation begriffen werden. Psychologisch bestärkt all dies in den Menschen jedoch eine emotionale Reaktion: Angst vor Kontrollverlust. Gerade weil sich viele im Großen getrieben und einflusslos fühlen, nimmt das Bedürfnis zu, im Kleinen die Verhältnisse zu bewahren. Resultat: Keine Neubauten, keine neuen Stromtrassen, keine Schulreform, keine Privatisierungen etc.

- Einher geht dieses Gefühl mit einem großen Misstrauen gegenüber denen »da oben«. Mit »oben« ist jedoch nicht nur die Regierung gemeint, sondern die Politik ganz allgemein, wie auch Investoren oder »die Wirtschaft«, denen es »nur um das Geld und den Profit« zu gehen scheint. Ein konkretes Beispiel: In Hamburg wurde eine Schulreform einstimmig vom gesamten Parlament unterstützt – von der Linkspartei bis zur CDU. Die Tatsache, dass »die da oben « sich so einig waren, führte aber zu Skepsis anstatt zu Akzeptanz bei den Bürgern. Umfragewerte bestätigen dies regelmäßig: Auf der Skala der Berufe, denen Bürger Vertrauen entgegenbringen, stehen Politiker ganz unten.

Es gibt also einen Widerstand gegen Veränderungen, insbesondere wenn sie von »oben« kommen. Interessanterweise setzt dieser erst dann ein, wenn das Vorhaben unmittelbar bevorsteht. Dinge, die z. T. über Jahre in der Öffentlichkeit diskutiert werden, die Berichte von Anhörungen und Ausschusssitzungen in der Presse nach sich ziehen, werden erst dann zur Kenntnis genommen, »wenn die Bagger kommen«. Oft ist dies verbunden mit dem Vorwurf, man sei vorher nicht informiert worden. Der langwierige, u. a. im Baugesetzbuch formulierte Planungs- und Beteiligungsprozess geht überwiegend an den Menschen vorbei. Die vorangegangene Beschäftigung von Parlamenten und Ausschüssen wird aufgrund des Misstrauens in die Politik nicht als Bürgerbeteiligung gewertet, sondern eher als »Mauschelei«. Und dies, obwohl sich im Vorfeld viele Abgeordnete bemühen, mit viel Fleiß und Sachverstand das Vorhaben zu prüfen. Für den Bürger verhärtet sich im Laufe dieses Prozesses der Eindruck, dass Politiker Bestandteil und Fürsprecher des Gesamtvorhabens sind, anstatt es zu kontrollieren. Und die Bürger reagieren dann, wenn es »ernst wird«.

Und die Medien? Sie greifen diese Stimmungen auf und verstärken sie oftmals noch. Selbst wenn ein Projekt zunächst neutral oder sogar positiv kommentiert wurde, führt ein Bürgerprotest meist rasch zur ihrer beipflichtenden Solidarität. Warum? Weil der Kampf Bürger gegen Politik bzw. Wirtschaft sich medial gut inszenieren lässt. Denn damit wird eine klassische Kampfszene abgebildet, der sogenannte »David gegen Goliath-Effekt«, der Aufmerksamkeit erzeugt. Die Medien stehen dabei tendenziell gerne auf der Seite der Bürger, des mutmaßlichen Davids, was das kollektive Bedürfnis nach Verteidigung noch erhöht. Ich erinnere mich persönlich gut an die geplante Einführung einer Hamburger Straßenbahn. Zunächst wurden Idee und Planung aus ökologischen Gründen eher positiv begleitet. Als sich Bürgerprotest formierte, änderte sich sehr schnell der Tenor der Berichterstattung. Ausnahmen gibt es dann, wenn Bürgerprotest offensichtlich unmoralisch ist, z. B. wenn Anwohner gegen die Errichtung eines Hospizes protestieren, weil sie befürchten, dass die Nähe von Sterbenden den Wert ihrer Immobilie mindern könnte. Dann widersteht sogar die »veröffentlichte Meinung«, sich mit den Aufbegehrenden zu solidarisieren. Ansonsten scheint »Volkes Stimme« per se moralischer als Pläne der Politik oder von Investoren.

Vielleicht ist diese Stimme auch deshalb für die Medien interessanter, weil sie die Emotionen und Bedürfnisse der Menschen anspricht. Veränderungspläne werden allzu häufig zwar inhaltlich, jedoch eher technokratisch und ökonomisch begründet. So stehen an der Seite der Befürworter meist Planer, Ingenieure, Juristen, Ökonomen, die in ihrer Fachsprache ein Projekt anpreisen. Das »Fachchinesisch« wird jedoch nicht als Zeichen von Kompetenz, sondern als Vertuschungsabsicht verstanden. Die moralisch-emotionalen Argumente auf der Seite des Bürgerprotestes fallen dagegen schwerer ins Gewicht.

Im Umkehrschluss heißt dies, dass Veränderungen nur dann erfolgreich durchgesetzt werden können, wenn diese Bedingungen bzw. Risiken im Vorfeld erkannt werden. Eine Chance, im Wege der direkten Demokratie Zustimmung zu konfliktträchtigen Projekten zu erhalten, besteht nur dann, wenn diese Risiken antizipiert werden. Dies mag banal klingen, selbstverständlich ist es aber noch lange nicht. Denn Investoren oder die Politik sind häufig so von ihrer Sache überzeugt, dass sie sich gar nicht vorstellen können, dass diejenigen, die von einem Projekt profitieren sollen, dagegen sein könnten. Außerdem sind die Befürworter häufig so verliebt in die Durchschlagskraft ihrer fachlichen Argumentation, dass sie als überheblich empfunden werden, in dem sie andere Argumente als falsch und unwissenschaftlich diskreditieren und dadurch ihre eigene moralische Position angreifbar wird.

Dazu kommt, dass auch die Mechanismen der veröffentlichten Meinung falsch eingeschätzt werden. Fälschlicherweise wird den Medien oftmals eine reine Informationspflicht unterstellt. Daraus schlussfolgern Projektbefürworter, dass »die schon vernünftig berichten«, wenn man nur alles genau erkläre. In Wirklichkeit geht es Medien jedoch um das Aufnehmen von Stimmungen, um die Inszenierung von Konflikten, um Personalisierung und die Zuspitzung von Themen, in der Hoffnung auf hohe Auflage oder eines Vorsprungs gegenüber konkurrierenden Medien.

Dies alles macht eins deutlich: Es geht um Transparenz von Beginn an. Denn die Erfahrung lehrt: Alles kommt früher oder später heraus. Nichts ist unglücklicher, als wenn im Zuge einer »Salamitaktik« Beweggründe, Zahlen, mögliche negative Folgen einer Veränderung etc. sichtbar werden. Das ist für die Glaubwürdigkeit schädlicher als die negative Botschaft selbst.

Es gilt viel zu berücksichtigen, wenn eine geplante Veränderung oder Investition den Mechanismen der direkten Demokratie unterworfen ist. Neben den Fakten geht es um Transparenz, kluge Kommunikation, das Ernstnehmen von Gegenargumenten und die simple Einsicht: Der Wurm muss dem Fisch schmecken und nicht dem Angler.

KAPITEL 1

Wie Widerstand entsteht

Kapitel 1

1.1. Kommunizieren und Agieren in der Partizipationsgesellschaft

Prof. Dr. Thorsten Hofmann, Quadriga Hochschule Berlin

Die Macht der verfügbaren Nachricht

Seit jeher hat Kommunikation Gesellschaften beeinflusst. Wer die richtigen Informationen hatte, konnte sein eigenes und das Überleben seiner Gruppe sichern: Wo lauern Gefahren? Wo gibt es die nächste Wasserstelle? Oder gibt es Nahrung? Information ist verknüpft mit Wissen und Wissen ist Macht. Solange die Menschen auf mündliche Überlieferung angewiesen waren, desto größer war die Macht desjenigen, der diese Informationen weitergab. Informationen verbreiteten sich langsam und sie zu verifizieren oder zu falsifizieren war oft nur schwer oder gar nicht möglich. Die Erfindung der Schrift erleichterte die Weitergabe von Informationen, doch es waren nur wenige in der Lage zu lesen oder zu schreiben. In Zeiten, in denen der Informationsfluss ausgewählten Gruppen vorbehalten war, waren Abhängigkeitsverhältnisse fast unausweichlich; man musste glauben, was einem mitgeteilt wurde, sicher sein konnte man nicht. Wer die Information hatte, der hatte auch die Deutungshoheit – eine unabdingbare Voraussetzung, um Anhänger zu mobilisieren. Alphabetisiert waren nur ausgewählte Gruppen, die große Masse war auf mündliche Weitergabe angewiesen. So waren es vor allem die Kirchen und die Feudalherren, die die Macht von Wissen und Wort innehatten und nutzten. Bis der Buchdruck erfunden wurde. Hätte ein kleiner Mönch aus Wittenberg die katholische Kirche ins Wanken und die Welt verändern können, ohne die Erfindung Johannes Guttenbergs? Auf jeden Fall ist sicher, dass der Buchdruck die Reformation maßgeblich befeuert hat. Auf einmal konnten Nachrichten und Botschaften binnen relativ kurzer Zeit breit gestreut werden. Alle hatten auf einmal exakt die gleiche Quelle zur Verfügung. Denn als noch vorwiegend in Klöstern Texte handschriftlich vervielfältigt wurden, war das Verbreiten der Originalfassung nicht immer gewährleistet – sei es aufgrund von Fehlern, sei es, weil die Schreibkräfte selber Änderungen und Interpretationen vornahmen. Dies alles hatte sich nun geändert. Luthers Originale erreichten in gedruckter Form zunächst die Intellektuellen. Diese gaben sie an das Volk weiter: Entweder indem sie die Schriften als Ketzerei zitierten, was ebenso zur Verbreitung beitrug, oder weil sie sich damit identifizierten. Die Massen formierten sich, stellten sich hinter Luther und wurden zum Echo seiner Thesen und Forderungen. Nicht nur die Kirche, auch die gesellschaftliche Ordnung wurde in der Folge auf den Kopf gestellt. Die mediale Revolution ging mit der gesellschaftlichen einher.

Mit Verbreitung der elektronischen Medien wurde der Informationsfluss erneut revolutioniert. Lifeberichterstattung durch das Radio, emotionalisierende Bilder der Wochenschau wurden perfide eingesetzt und suggerierten Wahrhaftigkeit. Massen wurden gezielt manipuliert, sie wurden mobilisiert und belogen. Radio und Wochenschau, aber auch der Film waren unter den Nationalsozialisten gleichgeschaltet, wie auch die Zeitungen.

Nach Gründung der Bundesrepublik kristallisierte sich eine pluralistische Presselandschaft heraus. Dazu gehörten auch die elektronischen Medien, die noch bis Mitte der 1980er-Jahre ausschließlich öffentlich-rechtlich waren. Journalisten fungierten als Übersetzer zwischen Politik, Wirtschaft und Öffentlichkeit. Zum journalistischen Ethos gehörte als Erfahrung aus den Kriegsjahren das kritische Hinterfragen der Regierungsentscheidungen. Dazu kamen handwerkliche Grundsätze wie die strikte Trennung von Nachricht und persönlicher Meinung, die als Kommentar zu kennzeichnen war, sowie das Belegen von Behauptungen mittels zweier unabhängiger Quellen. Diese Grundsätze begannen im Zuge der 68er-Bewegung zu verwässern, was mit zunehmender Konkurrenz durch die Privatsender Mitte der 1980er zunahm: Infotainement löste in vielen Bereichen die puristisch aufbereiteten Nachrichten ab. Themen wurden auch in nachrichtlichen Beiträgen»zugespitzt« und »eingeordnet«, was meist einer verdeckten Kommentierung gleichkam. Die ohnedies schwer herzustellende Objektivität der Information ging zunehmend verloren. Für die Leser und Zuschauer wurde es schwerer, über den Wahrheitsgehalt des Berichteten zu urteilen. Und dennoch bewegte sich der Informationsfluss immer noch in geregelten Bahnen, nicht zuletzt weil aufgeklärte Bürger das informierende Medium einordnen können – man weiß ja, »wo es gestanden« bzw. »wer es gesendet« hatte.

Die Möglichkeiten der neuen Medien machen nun aus jedem, der sich dazu berufen fühlt, einen Publizisten. Jeder kann jederzeit alles kommentieren, Bilder und Filme ins Netz stellen. Eine großartige Möglichkeit, die in Artikel 5 grundgesetzlich garantierte Meinungsfreiheit auszuleben und sich gesellschaftlich einzubringen – einerseits. Andererseits birgt diese Möglichkeit auch Gefahren, die nicht zu unterschätzen sind: Höchst subjektive Meinungen werden als Fakten verkauft, der ordnende Rahmen des Presserechts oder der Pressekodex greifen nicht. Gerüchte verbreiten sich in Echtzeit, falsche Behauptungen verselbstständigen sich. Das Netz wird zum kollektiven Gedächtnis, das keine Behauptung je vergisst. Politik und Wirtschaft müssen darauf reagieren. Denn sie sind unmittelbar betroffen. Über Social Media lassen sich schnell Gleichgesinnte finden und zum Protest mobilisieren. Nie war Partizipation einfacher – politische Betätigung erfolgt bereits per Mausklick.

Veränderungen durch Bürgerprotest – ein modernes Phänomen?

Wer früher die Gesellschaft verändern wollte, engagierte sich in politischen Parteien und/oder Gewerkschaften. Sie sorgten für gesellschaftliche Strukturen und politische Rahmenbedingungen. Was im Parlament entschieden wurde, galt, auch wenn man als Bürger anderer Meinung war. Wenn die Parteien zur Wahl aufriefen, so ging man wählen: Von 1953 bis 1987 lag die Wahlbeteiligung bei Bundestagswahlen stets deutlich über 80 Prozent, lediglich dem Aufruf zur ersten Wahl 1949 folgten »nur« 78,5 Prozent[1]. Wenn die Gewerkschaften zum 1. Mai riefen, so folgten die Anhänger selbstverständlich. Politiker waren noch so etwas wie Respektspersonen und Volksparteien verdienten diesen Namen noch.

Mit der Studentenbewegung von 1968 formierte sich die außerparlamentarische Opposition. Intellektuell, jung und ideologisch repräsentierte sie lediglich einen bestimmten Teil der Gesellschaft. Sie setzte vor allem einen gesellschaftlichen Umdenkungsprozess in Gang, konnte jedoch die Stabilität der politischen Strukturen nicht nachhaltig erschüttern. Die in ihrer Folge entstandene Friedens- und Umweltbewegung formulierte und leistete tätigen Widerstand bspw. gegen Kernenergie und die Stationierung von Pershing-II-Raketen. Schon damals wurde deutlich, welches Machtpotenzial Bürger entwickeln können: Durch organisierten Widerstand und Protest von Anti-AKW-Gruppen, kirchlichen Gruppen, auswärtigen Demonstranten sowie der einheimischen Bevölkerung wurde z. B. der Bau der atomaren Wiederaufbereitungsanlage in Wackersdorf verhindert – obwohl der Bayerische Gerichtshof zuvor ein Volksbegehren dazu abgelehnt hatte. Flugblätter, Megafon und die Kraft von Fernsehbildern trugen zum Erfolg bei. »Ziviler Ungehorsam« wurde zum Inbegriff erfolgreichen Protestes, der anders als die Studentenbewegung breitere Gesellschaftsschichten repräsentierte. Der Protest zog sich durch alle Altersklassen und mündete letztendlich in der Gründung einer neuen Partei: Die Grünen. Die wohl größte vom Volk initiierte und getragene gesellschaftliche Umwälzung, die zum Fall der Mauer führte, hatte ebenfalls ihren Ursprung in intellektuellen und kirchlichen Kreisen, denen es gelang, Massen zu bewegen. Zahlreiche führende Repräsentanten und ganze politische Gruppen fanden nach der Wiedervereinigung in den etablierten Parteien Heimat und Betätigungsfelder. Die außerparlamentarische Bewegung hielt wieder in großen Teilen Einzug in die Parlamente. Mit Bundeskanzlerin Merkel und Bundespräsident Gauck wird die Bundesrepublik von zwei Vertretern repräsentiert, deren politische Biografie mit der Reformbewegung der DDR assoziiert ist.

Veränderungen durch Bürgerprotest ist also kein modernes Phänomen des IT-Zeitalters. Doch der Protest war damals 1. schwieriger zu organisieren und betraf 2. grundlegende gesellschaftliche Fragen.

1 www.bundestag.de/dokumente/analysen/2009/entwicklung_wahlbeteiligung.pdf

Die Wutbürger bringen Politik und Unternehmen in Bedrängnis

Nach der Wiedervereinigung ebbte das politische Engagement ab. Politikverdrossenheit wurde zum Schlagwort der 90er-Jahre: Die Gesellschaft für deutsche Sprache erklärte es 1992 zum Wort des Jahres[2]. »Kaum befreit und schon verdrossen«[3] überschrieb die Berliner Zeitung dieses Phänomen. Was war geschehen? Nach der Euphorie der Wiedervereinigung wurde die Last des neuen Alltags doppelt sichtbar: Im Osten mussten Werke geschlossen werden, manch vollmundig abgegebenes Wahlversprechen wurde als blanker Hohn aufgefasst: Kohls »blühende Landschaften«[4] vermochte gerade in den Jahren der wirtschaftlichen Umstrukturierung in Ostdeutschland niemand sehen und auch perspektivisch wollte kaum einer daran glauben. Der Balkankrieg stellte Politik und Bevölkerung vor zusätzliche Herausforderungen, die für Verunsicherung in der Gesellschaft sorgten: Flüchtlinge mussten untergebracht werden und das gewachsene Deutschland musste seine Rolle innerhalb der Nato neu definieren. Dies ging nicht ohne Diskussionen vonstatten und nicht immer wurden diese Diskussionen so geführt, dass die Bevölkerung sich von ihren Politikern noch vertreten fühlte.

Mit dem Platzen der New-Economy-Blase Anfang des Jahrtausends richteten sich Ablehnung und Misstrauen zunehmend auch gegen die Wirtschaft. Manch goldener Händedruck für einen gescheiterten Manager, aberwitzige Kredite für den windigen Bauunternehmer Schneider in Zeiten, in denen Kleinbetrieben die Unterstützung von Banken oft versagt blieb, lösten ein Gefühl von Ohnmacht aus. »Die da oben machen sowieso, was sie wollen, und wir da unten sind ausgeliefert« – diese Stimmung herrschte weitestgehend in breiten Teilen der Bevölkerung vor. Mit gravierenden Folgen: Die Bürger fokussierten sich zunächst auf das Private. Politische Parteien und Gewerkschaften verloren kontinuierlich Vertrauen und Mitglieder. Die Volksvertreter hatten ihr Volk verloren. Eine Forsa-Umfrage aus dem Dezember 2006[5] offenbarte dies: 47 Prozent der Befragten waren der Ansicht, trotz Teilnahme an einer Wahl nicht mitbestimmen zu können. 80 Prozent forderten deshalb Volksentscheide (CDU/CSU: 75 Prozent; SPD: 81 Prozent). In den 2000ern wuchs die »Partei« der Nichtwähler beständig. Waren die Deutschen zu einem Volk ohne politisches Bewusstsein geworden? Keineswegs. Doch politische Meinungsbildung hatte sich in andere – in virtuelle – Foren verlagert. Auf den »Nachdenkseiten« politisieren Menschen, die ohne das Internet niemals in Kontakt getreten wären, mit Gleichgesinnten.

2 Gesellschaft für Deutsche Sprache: http://www.gfds.de/index.php?id=11

3 1. Juni 1992, Leitartikel

4 Helmut Kohl, Debatte über den zwei-plus-vier-Vertrag, 21. Juni 1990: »Nur der Staatsvertrag gibt die Chance, dass Mecklenburg-Vorpommern, Sachsen-Anhalt, Thüringen, Brandenburg und Sachsen bald wieder zu blühenden Landschaften werden können ...«

5 www.abgeordnetenwatch.de/images/presse/die_regierung_ohne_volk_stern.pdf

In Blogs, auf Facebook und Twitter werden Bürger zu Kommentatoren, aus Kommentatoren Aktivisten. Die Möglichkeit, sich in Echtzeit mit unzähligen Menschen auszutauschen und zu reagieren, verleiht dem zunächst unbestimmten Gefühl eines Einzelnen Gewissheit und einer Protesthaltung ungeheuere Dynamik und Durchschlagskraft. Dank Smartphone kann heute jeder jederzeit alles aufnehmen und versenden – unabhängig von regulären Medien. Musste man als aktiver Bürger früher darum buhlen, dass die Medien von einer Aktion Notiz nahmen, so hat die Bürgergesellschaft dank moderner Technologien maximale Unabhängigkeit und Gestaltungsfreiheit erlangt. Eine große Errungenschaft, ohne die beispielsweise die Demokratiebewegung in Arabien nicht möglich gewesen wäre. Doch es gibt auch negative Seiten: Es gibt so gut wie keine geschützten Räume mehr. Wer Verantwortung trägt – sei es in Politik, Wirtschaft oder Gesellschaft –, muss jederzeit damit rechnen, dass seine privatesten Äußerungen und Handlungen publiziert, nach belieben interpretiert und gegen ihn verwendet werden. Gab es am Regierungssitz Bonn noch den Grundsatz, ab einer bestimmten Uhrzeit bspw. auf dem Bundespresseball oder auf Parteitagen nicht mehr zu Filmen oder zu fotografieren, so ist dieses Verbot heute obsolet: Noch zu später Stunde zücken Ballgäste ihre Fotohandys, um eine Erinnerung in den sozialen Netzwerken zu posten. Die BILD-Zeitung hat den Leser-Reporter erschaffen, der für den Abschuss eines Prominenten eine erkleckliche Summe bekommt. In Zeiten von Hartz IV ein attraktives Zubrot. Für Prominente bedeutet dies, dass sie sich nicht nur professionellen Paparazzi ausgesetzt sehen, die immerhin identifizierbar sind, sondern dass sie jederzeit unter Beobachtung stehen. Plakative Äußerungen »unter Dreien« oder im Hintergrundgespräch können die Karriere kosten, weil man immer damit rechnen muss, dass sie mitgeschnitten und veröffentlicht werden. Denn durch die Kraft von Bildern und Worten können binnen kürzester Zeit vermeintliche Massen mobilisiert werden. Das Web ist zum Instrument der politischen Willensbildung und -bekundung geworden und verleiht virtuelle Stärke. Politik und Wirtschaft müssen sich mit diesen Mechanismen auseinandersetzen, um handlungsfähig zu bleiben und Gefahren frühzeitig zu erkennen. Die Herausforderung besteht darin, Fehler zu vermeiden und Fallstricke zu umgehen, ohne dabei vor lauter Selbstzensur im Vagen zu verharren und jegliche Klarheit zu vermeiden. Denn dies wäre genau das Falsche: Wer sich vage ausdrückt, zwingt die andere Seite geradezu zur Interpretation. Und die Interpretationshoheit darf niemand aus der Hand geben, der von Berufswegen zu weitreichenden Entscheidungen verpflichtet ist. Vielmehr gilt es, mit klaren Botschaften zu kommunizieren. Diese Botschaften müssen jedoch der Überprüfung standhalten. »Der Wähler vergisst schnell«, lautet eine politische Phrase. Der Wähler mag schnell vergessen, aber dank Internet kann er sein Gedächtnis jederzeit auffrischen – schon Stichworte genügen. Das »Geschwätz von gestern« mag Konrad Adenauer nicht bekümmert haben. Heute wird es zum Bumerang. Schützen kann sich dabei nur, wer bspw. einen Richtungswechsel erläutert, wer selber aktiv aufgreift, dass er früher anderer Meinung war. Bundeskanzlerin Merkel ist dies mit der Atomwende gelungen. Versuche der politischen Gegner innerhalb und außerhalb ihrer Partei, sie als Umfallerin abzustempeln, scheiterten letztendlich. Sie begründete ihre Kehrtwende in der Atompolitik mit der veränderten Lage durch die drei Kernschmelzen in den Reaktoren von Fukushima. »Noch immer steigt radioaktiver Dampf in die Atmosphäre. [...] Fukushima hat meine Haltung zur Kernenergie verändert«, betonte die Physikerin Merkel schlicht. Wenn auch die Leitartikler ihren Schwenk kritisierten, den Umfragewerten der Kanzlerin konnte deren persönliche Energiewende dauerhaft nichts anhaben. Merkel hatte in einer Zeit, die von realen Schreckensbildern geprägt war, ein persönliches Statement abgegeben, mit dem sie nah an den Empfindungen der Mehrheit der Bürger war. Somit konnte sie ihren Meinungswechsel glaubhaft als Lerneffekt verkaufen, allen Kommentatoren zum Trotz.

Das Beispiel Atomkraft zeigt, wie stark die Bürgerstimmung die Politik beeinflusst. Vor allem wenn es um Umwelt-assoziierte Themen geht, reagiert die Bevölkerung in Deutschland sensibel: »Gegen den Willen der Menschen wird es keine weiteren Kraftwerke geben können« – diese Erkenntnis äußerte Alexander Schweitzer, Staatssekretär im Wirtschaftsministerium von Rheinland-Pfalz, am 4. Juni 2010 im SWR-Fernsehen. Gemeint war die Errichtung von Geothermiekraftwerken, die für erheblichen Bürgerprotest gesorgt hatten. Ist dies ein Eingeständnis des Scheiterns? Impliziert diese Äußerung doch, dass der Wille der Bürger auch über sachliche Notwendigkeiten obsiegen könnte. Schweitzer hat recht, wenn er die Dynamik von Bürgerbewegungen ernst nimmt. Doch gerade weil sie ernst zu nehmen ist, sind Politiker und Unternehmen auch in der Pflicht, an der Willensbildung mitzuwirken – und zwar auf anderen Kanälen als den festgefahrenen. Politik und Wirtschaft müssen ihre Wähler und Kunden wieder verstehen lernen, um nicht auf einmal vom Protest überrollt zu werden. »Ich halte von diesem neumodischen Zeug nichts. Deshalb engagiere ich mich auch nicht in Social Media«, diese Haltung in Politik und Wirtschaft ist erstaunlicherweise nicht selten. Selbst wenn ein Unternehmen oder ein Politiker nicht selbst in sozialen Netzwerken aktiv ist – so heißt dies nicht, dass dessen Belange nicht dennoch Gegenstand der Diskussionen im Web sind. Bleiben wir beim Beispiel Geothermie. Der Widerstand dagegen hat nichts mehr gemein mit den leidenschaftlich-laienhaften Aktionen, wie wir sie noch bspw. von den frühen Atomkraftgegnern kennen. Bürgerinitiativen bedienen sich längst professioneller Medienarbeit. Sie schlagen die Gegner mit ihren eigenen Waffen, indem sie Lobbyinstrumente virtuos zu bespielen vermögen. Ihre Websites unterscheiden sich optisch und strukturell in keiner Weise von denen der Industrie oder Politik. Die seriöse Aufmachung macht es leicht, auch Halbwahrheiten oder Mutmaßungen als Faktum zu verkaufen. Unbewusst wird bei den Lesern das Gefühl erzeugt, »hier sind keine Spinner am Werk«. Hinzu kommt, dass atavistische Ängste in Deutschland nach wie vor eine große Rolle spielen. Es gibt tendenziell eine große Bereitschaft, alles in Zweifel zu ziehen, was Ängste auslöst. Werden diese Ängste durch scheinbar objektive Fakten belegt, ist eine Mobilisierung von Widerstand umso wahrscheinlicher und umso erfolgreicher. Hinzu kommt, dass viele Bürgerinitiativen Politik und Industrie meist eine Nasenlänge voraus sind, wenn es darum geht, die gesamte Klaviatur der sozialen Netzwerke zu nutzen. Sie initiieren Shitstorms, legen Websites lahm und organisieren binnen weniger Stunden Flashmops.

Nichts ist heute mehr in Stein gehauen. Lange angestrebte und veröffentlichte Projektvorhaben können auf einmal in den Fokus massiver Proteste geraten, wie wir es bei der Elbphilharmonie oder gerade bei Stuttgart 21 erlebt haben. Die neue Qualität des Protestes zeigt sich einerseits darin, dass eine hohe Facebook-Anhängerschaft eine überwältigende – letztendlich nicht zutreffende - Meinungsführerschaft suggeriert hatte. Andererseits zeigt sie sich in der Heterogenität der Protestgemeinde. Hatten wir es schon bei Wackersdorf durchaus mit Unterstützern aus dem ländlichen bürgerlichen Umfeld zu tun, die oftmals vom Schöpfungsgedanken motiviert waren, so fanden sich in Stuttgart neben jungen Leuten auffallend viele Senioren aus ersichtlich konservativem Milieu. SPIEGEL-Autor Dirk Kurbjuweit belegte diese Gruppe mit dem von ihm geschaffenen Neologismus »Wutbürger«, dem Wort des Jahres 2010. Kurbjuweit wertet deren Verhalten als Wehren gegen den Wandel, es sei»Ausdruck einer skeptischen Mitte, die bewahren will, was sie hat und kennt, zu Lasten einer guten Zukunft des Landes«[6]. Das Verhalten des Wutbürgers sei vor allem auf dessen Alter zurückzuführen. Der Kern dieser These ist aus neurobiologischer Sicht nicht ganz von der Hand zu weisen: Notwendige gesellschaftliche Veränderungsprozesse sind in einer stark alternden Gesellschaft schwerer durchzusetzen. Doch es ist weniger Egoismus oder gar Uneinsichtigkeit, die diese Veränderungen erschweren, als vielmehr der Hirnstoffwechsel, der sich im Alter dahingehend verändert, dass vermehrt Impulse für das Bewahren von Bestehendem gegeben werden. Umgekehrt werden bei jungen Menschen Neugier und Veränderung angeregt. Der demografische Wandel ist nicht zu leugnen, genauso wenig wie die Tatsache, dass die Herausforderungen der globalisierten Welt uns immer mehr grundlegende Veränderungen in immer kürzeren Intervallen abverlangen werden.

Gründe analysieren, Ängste ernst nehmen, Diskussionen versachlichen

Veränderungen sind immer auch ein Aufbruch ins Ungewisse. Denn man kann nicht alles antizipieren. In den letzten zwei Jahrzehnten haben sich in Deutschland beginnend mit den Folgen der Wiedervereinigung binnen kürzester Zeit grundlegende Dinge geändert: Nicht zuletzt der notwendig gewordene Umbau des Sozialstaats und die dramatische

6 Dirk Kurbjuweit: Der Wutbürger. In: Der Spiegel. Nr. 41, 2010, S. 26–27

Finanzkrise haben die Bürger zutiefst verunsichert. Anders als in der Nachkriegszeit, als Deutschland aus den Trümmern kontinuierlich wieder emporwuchs und Vollbeschäftigung herrschte, haben heute auch Gutausgebildete Existenzängste, bekommen in der Regel keine unbefristeten Stellen mehr und wissen bereits während der ersten Ausbildung, dass sie sich ihr ganzes Berufsleben lang weiter- und umbilden müssen. Fleiß und Integrität sind keine Jobgaranten mehr. Hinzukommt die generelle deutsche Befindlichkeit: Die German Angst ist nicht umsonst ein internationales Phänomen und oft angewandter Germanismus. Atavistische Ängste sind hierzulande häufig Grundlage von Ablehnung bspw. neuer Technologien – ein Paradoxon angesichts der international bewunderten Technologieführerschaft der deutschen Ingenieure. Das kann wie im Falle von Geothermie dazu führen, dass sogar eine saubere Energiegewinnung Ängste und somit Protest auslöst. Dabei sind die Flugblätter früherer Jahre längst professionell aufbereiteten Internetportalen gewichen, die wie seriöse Informationsquellen wirken. In Internetforen tauschen Bürger ihre Ängste aus, sachliche Argumente treten oft in den Hintergrund. Je professioneller sich der Widerstand im Netz formiert, desto größer ist die Gefahr, dass die Medien darauf anspringen. Sie bilden gemeinsam mit den Bürgern eine Misstrauensachse. Und schon befindet sich ein Betreiber unter doppeltem Beschuss – er ist in einer defensiven Position. Umso wichtiger ist es, von vorherein eine Vertrauensachse zwischen Unternehmen und Bürgern aufzubauen. Die erreicht man nur, wenn man sich intensiv mit deren Lebensumfeld auseinandersetzt, um die Soziostruktur zu erkennen, Ängste identifiziert und diese vor allem ernst nimmt. Dies ist die Voraussetzung dafür, Transparenz zu schaffen. Die Ansprache muss aktiv erfolgen: »Dies sind Eure Befürchtungen, hier sind unsere ehrlichen Antworten!« Transparenz umfasst Fragen zur Technik genauso wie bspw. Offenheit in Bezug auf nächste Maßnahmen. Ohne diese Offenheit kann der nächste notwendige Schritt, nämlich eine sachliche, aber keineswegs unterkühlt geführte Diskussion nicht erreicht werden. Diese Diskussion muss ehrlich, glaubwürdig und dauerhaft geführt werden, denn sie ist Basis für den Vertrauensaufbau. Im nächsten Schritt werden gemeinsame Lösungen angestrebt und entwickelt, in die Kompromisslösungen integriert werden. Dies schafft für alle Beteiligten die notwendige Planungssicherheit. Eines ist klar: Ohne die Bürger frühzeitig zu involvieren, werden Großprojekte nicht mehr realisiert werden können.

Wer eine größere Unternehmung plant, darf sich deshalb nicht nur auf Baupläne und technische Konzepte beschränken. Die begleitende Kommunikation ist ebenso wichtig und bedarf ebenso umsichtiger Planung. Im Rahmen einer Problemanalyse gilt es, genau zu definieren, worum es sich bei dem geplanten Unternehmen handelt und wie das Untersuchungsumfeld strukturiert ist. Worum geht es? Welcher Zeitraum wird betrachtet? Das sind die Fragen, die es in dieser ersten Phase zu klären gilt. In der Szenariofeldbestimmung werden zentrale Einflussfaktoren zu bestimmen sein sowie die

Größen, die das Szenariofeld beschreiben. Dabei muss man vor allem dafür Antworten finden, was gegenwärtig UND in der Zukunft Einfluss auf die geplante Unternehmung hat. Im nächsten Schritt wird dies spezifiziert: Es folgt die Analyse der strategischen Einflussfaktoren. Es müssen denkbare alternative Entwicklungsmöglichkeiten der Einflussfaktoren erarbeitet werden – sprich: alles, was an möglichen Ausprägungen vorstellbar ist. Diese Ausprägungen dienen dazu, im nächsten Schritt Szenarien zu generieren. Dazu werden konsistente Ausprägungen dieser Szenarien gebündelt und ausgewählt. Dabei gilt es zu klären, welche Ausprägungen im Einklang sind und welche im Widerspruch zueinander stehen. Zum Schluss findet ein Szenarientransfer statt, d. h., es werden Konsequenzen abgeleitet. Hier geht es um die Frage, wie die Branche auf die entwickelten Szenarien reagieren würde.

Dies alles mag sehr schematisch klingen. Doch bietet genau diese systematische Vorbereitung die reelle Chance, Drohpotenzial zu antizipieren – und sich selber über eigene Defizite klarzuwerden und auf diese Weise Maßnahmen zu entwickeln. Dazu gehört selbstverständlich Pressearbeit. Dabei kommt es darauf an, Pressemitteilungen allgemeinverständlich zu formulieren, versehen mit klaren Botschaften. Auch das Timing, wann worüber informiert wird, ist entscheidend. Aktion vor Reaktion muss hier die Devise lauten, und Ausblick statt Vollzugsmeldung, um den Bürgern das Gefühl zu geben, an einer Entscheidung teilhaben zu können. Unter diesem Gesichtspunkt müssen auch Informationsmaterialien, z. B. Flyer und Prospekte, aufbereitet sein. Um mit den Bürgern in Kontakt zu treten, sollte auch Wert auf Präsenz vor Ort gelegt werden. Hierzu bieten sich Veranstaltungen wie Erlebniskino, Tag der offenen Tür oder Infotage an, bei denen auch paritätisch besetzte Diskussionsrunden stattfinden können. Sehr sinnvoll ist es, der Bevölkerung Möglichkeiten zur Partizipation zu bieten. Dies gelingt beispielsweise, indem man ein kommunales Projekt auflegt, in das die Bürger eingebunden werden. Alle Aktivitäten sollten unterstützt werden durch akribisch betreute Projektwebsites und ggf. Web-2.0-Aktivitäten. Was keineswegs vernachlässigt werden darf, ist ein sorgfältiges Screening des Web 2.0, um darüber informiert zu sein, was über das Projekt berichtet wird, und entsprechend darauf reagieren zu können.

Partizipation gilt auch nach innen

So wichtig die externe Kommunikation in der Partizipationsgesellschaft ist, so bedeutend ist es auch, nach innen zu kommunizieren. Die eigenen Mitarbeiter sind nämlich nicht nur das größte Gut eines Unternehmens, sie können auch die besten Multiplikatoren sein – vorausgesetzt, sie sind richtig informiert und motiviert. Im schlechtesten Fall nämlich tragen sie zu einer Imageverschlechterung bei. Wenn sie sich selbst von den Entscheidungen der Unternehmensspitze überrollt und nicht einbezogen fühlen, so kann es schnell geschehen, dass angestauter Frust den Weg in die Öffentlichkeit findet: Über Gespräche mit Freunden und Familie, über Äußerungen in Social Media. Auch gut gemeinte Aktionen der Mitarbeiter im Netz können nach hinten losgehen: Wenn beispielsweise ein als ungerecht empfundener Wikipedia-Eintrag vom Unternehmenscomputer aus korrigiert[7] oder ein Blog harsch kritisiert wird, kann dies heftige Reaktionen auslösen und die Glaubwürdigkeit eines Unternehmens wird unterminiert. Klare Guidelines, die plausibel erklärt werden, sind deshalb genauso notwendig wie die Einbeziehung und Schulung der Mitarbeiter in Bezug auf überzeugendes Wording im Umgang mit kritischen Themen. Im Übrigen sind die eigenen Mitarbeiter nicht selten näher an der vox populi als die Spitze eines Unternehmens. Es lohnt sich also, den Austausch aktiv zu pflegen.

Denn die Echtzeitgesellschaft des Web 2.0 ist auch eine Partizipationsgesellschaft – innerhalb und außerhalb eines Unternehmens.

7 www.golem.de/news/wikipedia-daimler-mitarbeiter-loescht-kritische-passage-bei-wikipedia-1203-90424.html; www.spiegel.de/wirtschaft/0,1518,817802,00.html

1.2 Veränderungen beginnen im Kopf

Dr. Hans-Georg Häusel, Gruppe Nymphenburg Consulting AG

Unsere Um- und Lebenswelt ist einem immer schnelleren Wandel unterworfen. Gleich ob Globalisierung im Großen oder der Einzug der Digitalisierung in unsere private Lebenswelt – es ist nicht die Stabilität, die unser Leben prägt – es sind die kleinen und großen Veränderungen – bis hin zu Umbrüchen und Krisen. Die Reaktion der Bürger ist geteilt: Während die einen mit Freude und Entdeckerlust die Veränderungen begrüßen und fordern, reagieren andere mit Angst und Widerstand auf das Neue. Dieser Widerstand kann laut sein, wie bei Stuttgart 21, er kann auch sanft und leise sein, wie bei der Slow-Food-Bewegung. Aber woher kommt das? Was läuft da in unserem Kopf – genauer in unserem Gehirn ab? Machen wir also einen kleinen Ausflug, um zu verstehen wie, unser Gehirn mit Veränderungen umgeht.

Emotionen sind die wahren Entscheider im Kopf

Wie fallen Entscheidungen tatsächlich im Kopf? Offensichtlich nicht so, wie wir selbst und der Bürger den Entscheidungsablauf im Kopf erleben. Über 70–80 Prozent der Entscheidungen fallen unbewusst. Zwar hat der Bürger, wenn er eine Entscheidung trifft, das Erlebnis, bewusst selbst zu entscheiden. Aber dieses Erlebnis ist, wie die Hirnforschung sagt, eine »Benutzerillusion«. Der deutsche Hirnforscher Gerhard Roth hat diese Selbsttäuschung wie folgt beschrieben: »Das Bewusstsein des Menschen gleicht einem Regierungssprecher, der Entscheidungen zu verkünden hat, bei deren Entstehung er nicht dabei war und deren wahre Gründe er auch nicht kennt.« Neben der Vormacht des Unbewussten hat sich in der Hirnforschung vor einigen Jahren ein zweiter wichtiger Paradigmenwechsel ereignet – diesogenannte »emotionale Wende«. Damit verbunden ist die inzwischen akzeptierte Erkenntnis: Emotionen sind die wahren und mächtigen Entscheider im menschlichen Gehirn. Ohne Emotionen sind keine vernünftigen Entscheidungen möglich – erst Emotionen geben der Welt Wert und Bedeutung. Aus diesem Grund sind die Bereiche im Gehirn die eigentlichen Machthaber, die hauptsächlich mit der emotionalen Verarbeitung beschäftigt sind. In der Fachliteratur werden diese Bereiche, die im Hirnstamm beginnen und in Teilen des vorderen Großhirns enden, unter dem Sammelbegriff »limbisches System« zusammengefasst. Abbildung 1 gibt einen Überblick über die wichtigsten Hirnstrukturen des limbischen Systems.

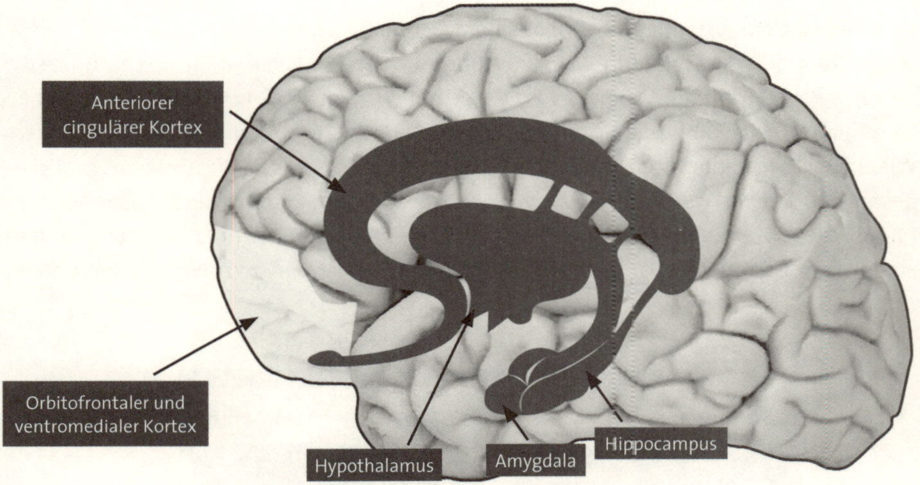

Abb. 1: Das limbische System und seine wesentlichen Hirnbereiche

Übrigens auch unser Großhirn – scheinbarer Sitz der Vernunft – ist hoch emotional. Etwas vereinfacht kann man es so ausdrücken: In unseren entwicklungsgeschichtlich älteren Hirnbereichen, wie dem Hirnstamm, laufen schnelle und einfache Quick- & Dirty-Emotionsprozesse ab, im Neokortex werden die gleichen Grundemotionen differenzierter, komplexer und viel flexibler verarbeitet. Hier erfolgt auch verstärkt die Verknüpfung unserer individuellen und kulturellen emotionalen Lebenserfahrungen mit den Außenreizen und Anforderungen einer aktuellen Handlungssituation. Es ist aber nicht so, dass im Neokortex die vernünftigen Entscheidungszentren sitzen und unten die dumpfen Instinkte walten. Das gesamte limbische System ist holistisch aufgebaut. Alle Bereiche wirken an der emotionalen Bewertungs- und Entscheidungsfindung mit – einen »Big Boss« gibt es nicht.

Was sind Emotionen?

Die meisten Menschen setzen Emotionen mit Gefühlen gleich – aber das ist genau so falsch, wie man zu einem Motor »Auto« sagen würde. Emotionen sind viel umfassender zu sehen! Emotionen sind die Kräfte in unserem Gehirn, die uns motivieren und zur Handlung antreiben, die uns sagen, was für unser Überleben und für unsere Fortpflanzung gut oder schlecht ist, die unseren Körper für besondere Situationen, beispielsweise Kampf oder Flucht präparieren und die wir am Ende in unserem Bewusstsein als Gefühle erleben.

Welche Emotionssysteme gibt es in unserem Gehirn?

Wenn Emotionen so eine zentrale Rolle in unserem Leben spielen, stellt sich natürlich die Frage, welche Emotionssysteme es im Gehirn überhaupt gibt? In einer umfangreichen Forschungsarbeit wurden die vielfältigen Erkenntnisse der Hirnforschung mit bestehendem Wissen der Psychologie und umfangreichen eigenen Untersuchungen zu einem Emotionsgesamtmodell verknüpft. (Alles zum wissenschaftlichen Hintergrund dieses Modells finden Sie unter www.nymphenburg.de/index.php/limbic.html.) Abbildung 2 gibt einen Überblick über die Grundstruktur der Emotionssysteme im menschlichen Gehirn.

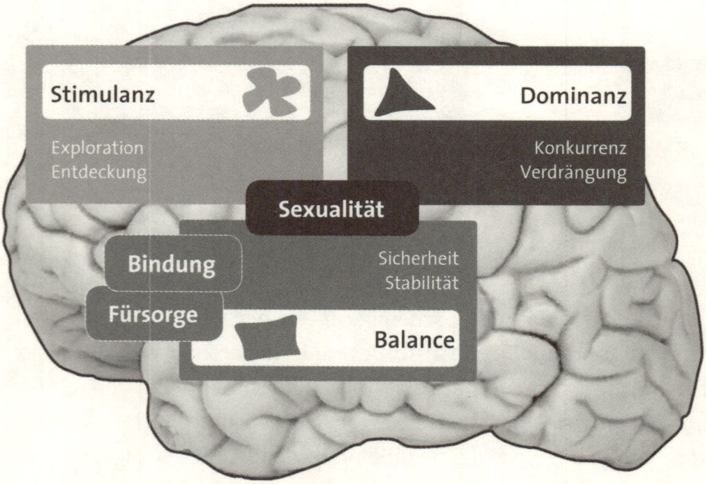

Abb. 2 : Die Emotionssysteme im menschlichen Gehirn

Neben den Vitalbedürfnissen Nahrung, Atmung und Schlaf gibt es im Gehirn drei große Emotionssysteme. Da in den unterschiedlichsten wissenschaftlichen Disziplinen verschiedene Begriffe für die einzelnen Systeme benutzt werden, wurden zur Bezeichnung der Hauptemotionssysteme leicht merkbare und positive Begriffe gewählt.

Diese sind:

- Das Balancesystem Sein Ziel: Sicherheit, Stabilität, Risikovermeidung
- Das Dominanzsystem: Sein Ziel: Durchsetzung der eigenen Interessen, Macht, Status
- Das Stimulanzsystem: Sein Ziel: Entdeckung von Neuem; lernen von neuen Fähigkeiten

Im Laufe der Evolution haben sich zusätzliche Emotionssysteme im Gehirn entwickelt, die allerdings nicht ganz die Bedeutung der aufgezeigten Big 3 haben. Die wichtigsten sind:

- Sexualität
- Bindung
- Fürsorge

Das Bindungs- und das Fürsorgesystem sind eng mit dem Balancesystem verknüpft, verfolgen aber teilweise eigene Ziele. Eine Sonderrolle spielt die Sexualität, weil sie ebenfalls eigene Ziele verwirklicht (Fortpflanzung) und gleichzeitig auf vorhandene Emotionssysteme zurückgreift. Das Hormon Testosteron beispielsweise ist zum einen Sexualhormon, zum anderen aber auch der zentrale Treibstoff für das Dominanzsystem.

Zwischen Veränderung und Beharrung: Die innere Dynamik der Emotionssysteme

Zwischen den großen drei Emotionssystemen gibt es eine besondere Dynamik – sie stehen in einem größeren Systemzusammenhang. Während das Dominanz- und Stimulanzsystem die expansiven und risikoorientierten Systeme im Gehirn sind, ist das Balancesystem das Risiko vermeidende Gegenprogramm wie Abbildung 3 zeigt.

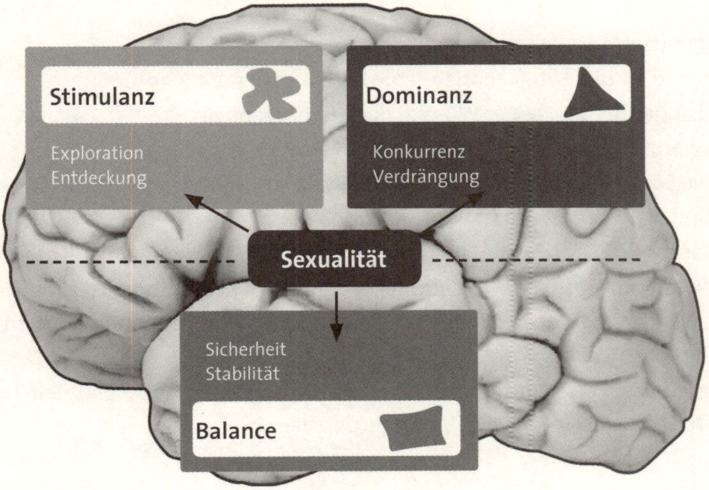

Abb. 3: Die Dynamik der Emotionssysteme

Viele politische, aber auch manche Alltagskonflikte lassen sich auf diese Systemspannung zurückführen. Während das Dominanz- und Stimulanzsystem auf Expansion und Veränderung drängen, was meist mit Risiko verbunden ist, ist das Balancesystem der vermeidende Gegenspieler, der auf jede Veränderung mit Angst reagiert und bestehende Gewohnheiten so lange wie möglich unverändert lassen will. Diese innere Dynamik zwischen Emotionssystemen wird übrigens auch in Mythologien sichtbar, denken wir nur an Yin und Yang. Aus dieser Betrachtung wird deutlich: Das menschliche Gehirn ist immer einer inneren Spannung zwischen Veränderung und Bewahrung ausgesetzt! Wie kommt es aber nun, dass ein Teil der Bevölkerung Veränderungen bejaht, während ein anderer Teil Veränderungen ablehnt?

Persönlichkeitsunterschiede im Gehirn
Die Antwort: Die aufgezeigten Emotionssysteme finden sich bei allen Menschen im Gehirn wieder – aber nicht in gleicher Stärke. Die meisten Menschen haben nun in der Regel einen Schwerpunkt in der Ausprägung ihrer Emotionssysteme. Auf diese Weise lassen sich Menschen typisieren. Man muss sich dabei allerdings bewusst sein, dass jede Typisierung immer eine Vereinfachung darstellt. Entsprechend dieser Hauptachsen kann man vier größere Typ-Gruppen festmachen.

Diese sind:

- Harmoniser(in)
  Hohe Sozial- und Familienorientierung, geringere Aufstiegs- und Statusorientierung, hoher Wunsch nach Geborgenheit
- Neugierige(r)
  Aktive Suche nach Neuem, hoher Individualismus, hohe Spontaneität, hohe Veränderungsbereitschaft, hohe Risikoneigung
- Performer(in)
  Hohe Leistungsorientierung, großer Ehrgeiz, hohe Statusorientierung, hohe Zielstrebigkeit, hohe Veränderungsbereitschaft, wenn es eigenen Zielen dient
- Bewahrer(in)
  Geringe Zukunftsorientierung, Wunsch nach Ordnung und Sicherheit, hohes Pflichtbewusstsein, geringe Veränderungsbereitschaft

Aus der Messung von inzwischen über 100.000 Menschen in Deutschland wissen wir nun, wie sich die deutsche Bevölkerung zwischen 14 Jahren und 85 Jahren repräsentativ zusammensetzt. Abbildung 4 zeigt das Ergebnis.

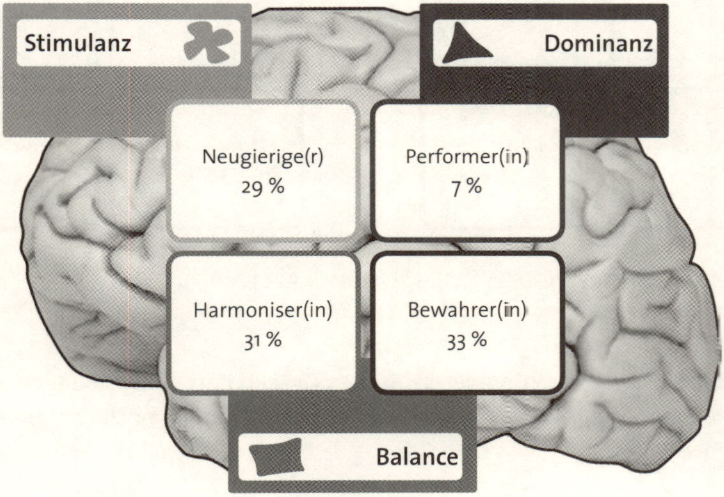

Abb. 4: Die repräsentative Verteilung der Emotionstypen in Deutschland

Aus dieser Verteilung wird eines sofort klar: Die konservativen und weniger veränderungsbereiten Persönlichkeitstypen bilden in Deutschland die absolute Mehrheit! Diese Verteilung erklärt auch ein Stück das Phänomen der »German Angst«. Völlig anders ist die Verteilung beispielsweise in den USA. Hier gibt es ein Gleichgewicht von ca. 50 : 50 Prozent zwischen den veränderungsbereiten Persönlichkeitstypen »Neugieriger« und »Performer« und den risiko- und veränderungsaversen Typen »Harmoniser« und »Bewahrer«.

Ein wichtiger Aspekt sei hier noch erwähnt: Die Stärke der Emotionssysteme in unserem Gehirn verändert sich mit dem Alter erheblich. Während bei Jugendlichen das Stimulanzsystem im Gehirn die Regie führt, ist es im Alter das Balancesystem. Abbildung 5 zeigt diese Unterschiede auf.

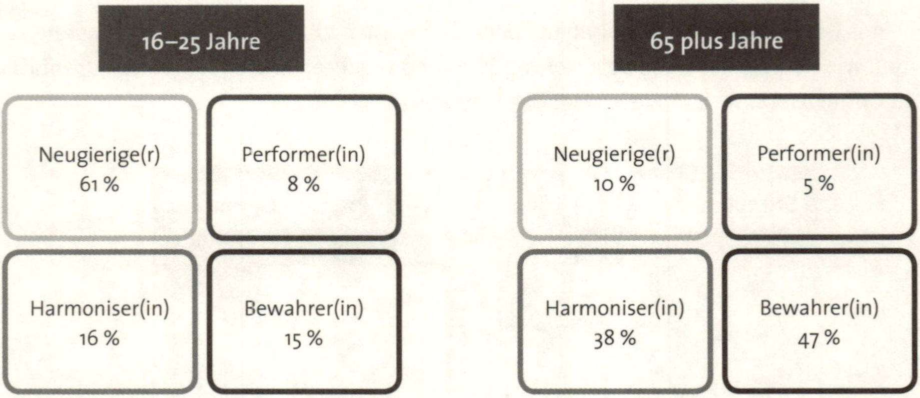

Abb. 5: Die Veränderungen der Emotionstypen im Altersverlauf

Die zunehmende Überalterung der deutschen Gesellschaft wird sich in den nächsten Jahrzehnten auch politisch auswirken: Die Deutschen werden noch konservativer und risikoscheuer!

Fazit:

Im menschlichen Gehirn sind Veränderung und Beharrung gleichermaßen angelegt. Da das Balancesystem im Durchschnitt das stärkste Emotionssystem im Gehirn ist und seine Stärke kollektiv durch die Alterung der deutschen Gesellschaft zunehmen wird, wird es zukünftig noch schwerer sein, notwendige und größere gesellschaftliche Veränderungen einzuleiten. Allerdings lässt sich auch das Balancesystem zur Veränderung bewegen: Durch kleine überschaubare Schritte, durch Belohnung der Veränderung, durch vertrauenswürdige Protagonisten und vor allem durch Geduld.

1.3 Bürger verstehen – Bedürfnisse und Ängste analysieren

Peter Höbel, ADVICE PARTNERS GmbH

»Angst nicht gut. Angst essen Seele auf.«
(Ali zu Putzfrau Emmi Kurowski in Rainer Werner Fassbinders gleichnamigem Film)

Angst, so weiß der Volksmund, ist ein schlechter Ratgeber. Aber in kritischen Situationen ist sie leider oft der bestimmende Faktor. Fehlende Information, mangelhafte Kommunikation und Intransparenz verwandeln die vorhandenen Ängste in Gefühle von Ohnmacht und Wut. So sind die vom Spiegel 2010 titulierten »Wutbürger« in Wirklichkeit eher »Angstbürger«. Das Wissen, welche Wahrnehmung und psychologischen Mechanismen hinter von Ängsten ausgelösten Handlungen stecken und wie die davon getragenen Gefühle wirken, ist die Voraussetzung für erfolgreiche Krisenkommunikation. Die Bedürfnisse und die Ängste der Bürger zu verstehen kann dazu beitragen, auch in extremen Situationen Win-win-Lösungen zu finden und auch schwierige Projekte durch Kommunikation erfolgreich mitzugestalten.

1. Wie Ängste wirken

Am Anfang steht der Überlebensinstinkt. Alles Fremde, Andersartige und vor allen Dingen alle unwägbaren Veränderungen werden instinktiv als bedrohlich und mithin als negativ empfunden. Keiner kann sich davon ausnehmen. Jeder von uns – vom Pförtner bis zum CEO – lebt seine spezifischen Ängste aus. Den tatsächlichen oder vermeintlichen Bedrohungen gilt es, entweder zu entkommen oder sie zu bekämpfen.

Die Angst als ubiquitäres Phänomen

Seit Tausenden von Jahren haben wir alle im Zuge der Evolution – stark vereinfacht – drei existenzielle Bedürfnisse: das Futter, eine sichere Behausung und die Brutpflege, also den Drang, die eigene Art zu erhalten. Dieses atavistische Prinzip der materiellen Bedürfnisse manifestiert sich quer durch alle soziale Schichten, Intelligenzgrade und Bildungsstufen. Und – ebenso stark vereinfacht – es gibt nur zwei Wege einer Bedrohung dieser Grundbedürfnisse zu entgehen: Das erste Mittel der Wahl ist stets die Flucht. Solange es möglich ist, wollen wir schnellstmöglich der möglichen Gefahr entrinnen. Bei einer unmittelbaren physischen Bedrohung – etwa einem Feuer oder einem körperlichen Angriff – ist dies ohne jede Diskussion einleuchtend: Nichts wie weg! In unserer modernen Gesellschaft findet Fluchtverhalten jedoch mittlerweile eher im übertragenen Sinne statt. Und zwar ständig. Beispielsweise in Form von Produktvermeidung.

Als im Januar 2011 durch kriminelle Machenschaften mit Dioxin belastetes technisches Schmierfett über Hühnerfutter in den Lebensmittelkreislauf geriet und analytisch in Eiern nachweisbar war, führte das schlagartig zu einem dramatischen Einbruch in der Eierbranche. Vergiftetes Futter auf dem Frühstückstisch? Nicht mit uns. In der öffentlichen und veröffentlichten Meinung spielte dabei allerdings der tatsächliche Gefährdungsgrad, nämlich die Frage, wie viel Schadstoff denn in den Eiern nachgewiesen werden konnte, keine oder bestenfalls eine untergeordnete Rolle. Ein Amtsveterinär brachte das massenhafte Fluchtverhalten der Konsumenten in einer Fachtagung auf den Punkt: »Die gemessene Dioxin-Dosis ist so gering, da müssten Sie schon täglich 500 Eier frühstücken um nur annähernd an den ohnehin strengen Grenzwert zu gelangen.« Nur wenige Monate später folgte die nächste ernährungsinstinktive Massenflucht, als im Frühsommer 2011 ein Virus namens EHEC unschuldigen Salatgurken das gleiche Schicksal bescherte, wie zuvor den inkriminierten Dioxin-Eiern. Auch hier funktionierte der skandalisierende Appell an die Futterinstinkte der verängstigten Verbraucher. Es wurden tonnenweise Gurken vernichtet. Wie eine Mutter reagieren wird, wenn sie auch nur gerüchteweise erfährt, eine bestimmte Sorte Babynahrung sei für ihren Nachwuchs ungesund, liegt also auf der Hand.

Das zweite Mittel der Wahl ist der Kampf. Wenn eine Flucht ausscheidet, meinen wir die Ursache der Bedrohung bekämpfen zu müssen oder doch wenigstens unser Fell so teuer wie möglich zu verkaufen. Der Kampf dient auch hier in erster Linie der Sicherung von materiellen Grundbedürfnissen, zumeist in der unmittelbaren oder mittelbaren Lebenssphäre. Wenn Sicherheit oder Komfort oder der Wert der Behausung bedroht sind, ist ein Ausweichen jedenfalls nicht so einfach möglich, wie bei einer Handelsware. Das ist dann die Stunde, sich mit ebenfalls Betroffenen zu Bürgerinitiativen, Selbsthilfegruppen und Aktionsbündnissen zusammenzuschließen und gegen den gemeinsamen Feind anzugehen.

Als eine Sonderform der Flucht gibt es übrigens noch einen weiteren Instinkt gesteuerten Ausweg: Wer weder schnell genug für die Flucht noch stark genug für einen Kampf ist, neigt zum Totstellreflex: Wegducken, die Decke über den Kopf ziehen und hoffen, dass einen nun keiner mehr sieht. Es mag zunächst lächerlich klingen, aber es ist tatsächlich zu beobachtende tägliche Praxis in Unternehmen, Organisationen, Behörden und der Politik. Denn auch und gerade die Chefetagen sind keineswegs angstreflexfreie Räume. So sehen sich Entscheider durch Imageverlust, durch drohenden Karriereknick, durch straf- und zivilrechtliche Verfolgung, Kosten und schlicht die Gefahr des persönlichen Scheiterns bedroht.

Die angstmachenden Bedrohungen des Alltags sind ubiquitär: Die Angst um die Ernährung (Gen-Food, Schadstoffbelastungen, Massentierhaltung), die Angst vor physischer Bedrohung (Kriminalität, Terror, Migranten), die Angst vor Identitätsverlust (Google-Streetview, Scoring, staatliche Vorratsdaten), die Angst zu verarmen (Inflation, Wirtschaftskrise, Arbeitslosigkeit, Macht der Banken), die Angst vor nicht fassbaren Technologien (Atom-, Gen-, Nanotechnologie), die Angst zu verunglücken

(Rund 60 Prozent der Manager haben Flugangst), Angst um die Zukunft des eigenen Lebensraums (Wasser, Luft, Energie) und schließlich – die Angst vor dem gefährlichen Nachbarn. Jener Nachbar, der Startbahnen baut, Lärm verursacht, brennende Transformatoren vor dem Kernkraftwerk hat, einem Hochspannungsmasten und Windräder in den Vorgarten stellt und strahlende Funkmasten auf das Dach, ein Nachbar der die Landschaft mit Straßen und Schienen zerschneidet und durch unterirdische Bahnhöfe die Grundstückspreise einer ganzen Stadt ruiniert. Wovor haben SIE Angst?

Die Auslöser der Ängste sind also instinktiv. Aber auch der reaktive Umgang ist unbewusster Natur. Er folgt einem Angstabwehrmechanismus, den bereits Anna Freud 1936 (»Das Ich und die Abwehrmechanismen«) beschrieben hat: Mithilfe der »Rationalisierung« werden unbewusste Handlungen nachträglich durch Vernunft begründet, beispielsweise mit guten Argumenten erklärt. Die tiefere Ursache der ablehnenden, bisweilen aggressiven Haltung von Projektgegnern ist also nicht auf den ersten Blick unbedingt erkennbar.

Das Rationalisieren von Ängsten haben die Medien längst als einträgliches Geschäftsmodell ausgemacht. Gezielt werden permanent latente Ängste und identifizierte aktuelle Erscheinungsformen der Angst in Auflage und Quote umgesetzt. Die Leitmedien geben dabei die Richtung vor, die übrigen Medien folgen in einer Art Schwarmverhalten den Trendsettern. Auf diese Weise wird ein sich selbst erfüllender Regelkreis der Angstverstärkung in Gang gebracht, der öffentliche und politische Reaktionen befeuert.

Ein Beispiel für die Wirkweise ist der dreifache Rückwärtssalto (»Ausstieg aus dem Ausstieg des Ausstiegs«) um die Nutzung der Kernenergie. Unter dem Eindruck des Super-Gaus von Fukushima infolge des Erdbebens und Tsunamis im März 2011 bekam die Anti-Atom-Bewegung ungeahnten Zulauf. Aufgrund der breiten öffentlichen Ablehnung der Atomkraft beschlossen Bundestag und Bundesrat ungewöhnlich schnell bereits im Juni 2011 die vorzeitige Abschaltung der deutschen Kernkraftwerke.

Bemerkenswerterweise löst eine Angst die nächste ab: So folgt der Angst des Jahres 2011 vor dem atomaren Supergau die Angst des Jahres 2012 vor dem Blackout und für die Folgejahre die Angst vor der Unbezahlbarkeit von Energie und Energiewende.

Abb. 1: Angst macht Auflage

Immerhin ist der Atomausstieg ein beeindruckendes Beispiel, wie ein angstauslösendes Ereignis den partizipativen Druck so nachhaltig erhöhen kann, dass eine vom Grundsatz her wirtschaftsfreundliche und in der Vergangenheit den Energiekonzernen eher wohlgesonnene Regierung sich zu einer selbst für Kritiker überraschenden Kehrtwende veranlasst sah.

2. Wie Angstreaktionen reduziert werden können

Neu ist das Streben der Bürger nach Partizipation nicht. Der Begründer der Lehre von der Massenpsychologie, Gustave Le Bon, beschrieb bereits 1895 in seinem Hauptwerk »Psychologie der Massen«, dass »nunmehr nicht mehr die Eliten, sondern die Massen das bestimmende Element der Politik« seien. Schon damals vertrat er die Meinung, dass sowohl Gesetze und Institutionen als auch die Vernunft wenig Einfluss auf das Verhalten der Massen hätten.

50 Jahre später in der bundesdeutschen Nachkriegsgeschichte gibt es eine Fülle von Beispielen, wie sich Bürgerprotest massenhaft artikuliert hat – lange bevor der Begriff des Wutbürgers erfunden wurde, und zwar durch alle Alters- und viele Gesellschaftsschichten. Neu ist heute entgegen der pessimistischen Haltung von Le Bon und der Doktrin der Staatsraison bis in die heutige Zeit, dass wir inzwischen wissen, wie die psychologischen Zusammenhänge sind und wie der Angstzyklus erfolgreich durchbrochen werden kann – wenn der Wille dazu besteht.

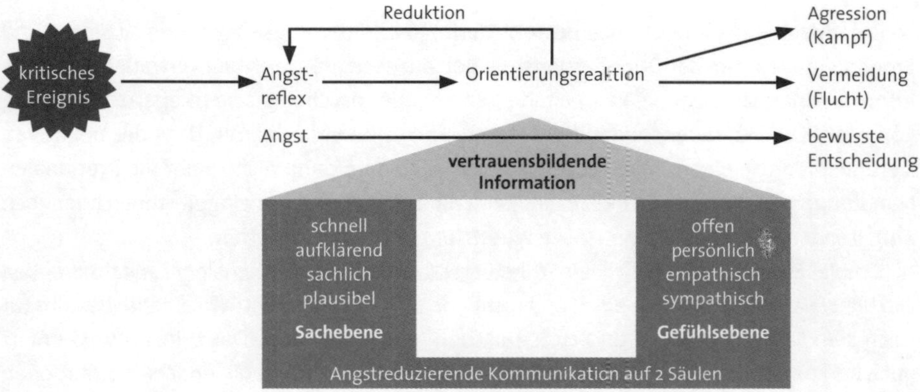

Abb. 2: Angst-Reduktions-Modell

Den Angstzyklus durchbrechen

Die bisherigen Bürgerproteste in der Bundesrepublik und die Reaktion darauf folgten einem bestimmten Muster, in dem die Ängste der Bürger unmittelbar auf die Interessen und zumeist harte Reaktion des Staates geprallt sind: von den legendären Schlachten um das Kernkraftwerk Brockdorf und die geplante zentrale Wiederaufarbeitungsanlage für Kernbrennstoffe Wackersdorf über den »zivilen Ungehorsam« bei den Kasernenbesetzungen der Friedensbewegung bis zu den erbitterten Auseinandersetzungen beim Bau der Startbahn West Anfang der Achzigerjahre des vorigen Jahrhunderts am Frankfurter Flughafen, bei denen es immerhin zwei tote Polizisten gab.

Die Kernfrage ist also: Wie kann es gelingen, den in einer bestimmten Lebenssituation gefühlsgesteuerten Menschen gewaltfrei dazu zu bringen, aus seiner reflexartigen (= irrationalen) ablehnenden Handlung zu einer überlegten (= rationalen), für alle Beteiligten tragbaren Entscheidung zu gelangen? Auf den Auslöser selbst, ein wie auch immer geartetes kritisches Ereignis, gibt es keinen oder nur wenig Einfluss. Das Ereignis führt beim Betroffenen aber unmittelbar zu den beschriebenen Reflexen. Eine unmittelbare Einwirkung auf diese funktioniert ebenfalls nicht, ist aufgrund der fehlenden Empfangsbereitschaft blockiert. Über die Orientierungsreaktion kommt es beim Betroffenen sehr schnell zu Vermeidung oder Aggression, zu Flucht oder Kampf.

In der Vergangenheit haben die Staatsorgane oder Projektbetreiber in der Regel versucht, auf eben diese Symptome einzuwirken – mit zumeist mäßigem Erfolg. Aggressionen abzubauen sind in dem Klima wechselseitigen Misstrauens wenig aussichtsreich. Nicht anders sieht es bei der Vermeidung/Flucht aus: Einen verlorenen Kunden (oder Wähler) zurückzugewinnen oder ein ins Gerede gekommenes Produkt (oder eine Firma oder eine Partei) wieder zu stabilisieren ist ausgesprochen mühsam.

Die einzig wirksame Chance besteht darin, just in der Phase zwischen Auslöser und Ergebnis, nämlich an der Orientierungsreaktion anzusetzen. Wenn hier vertrauensbildende Informationen ankommen, kann ein deeskalierender psychologischer Regelkreis in Gang kommen. Die vertrauensbildenden Informationen bewirken dann, dass die negativen Gefühle bis zu so einem Maß reduziert werden, ab dem dann nicht mehr die irrationalen Handlungen dominieren. Der Rezipient kann dann trotz des zuvor eingetretenen oder noch anhaltenden kritischen Ereignisses bewusste Entscheidungen treffen.

Simples Beispiel: Ich genieße mein Frühstücksei trotz der auf allen Kanälen skandalisierenden Dioxin-Berichte. Weil ich nur ein Ei und nicht 500 davon zum Frühstück verzehre besteht für mich kein Grund zur Angst und zur panischen (Produkt-)Flucht. Das Prinzip funktioniert auch bei komplexeren Sachverhalten. Damit jedoch die Vertrauens bildenden Informationen überhaupt eine Chance haben, anzukommen und zu wirken, müssen die jeweiligen Absender begreifen, dass die potenziell angstreduzierende Kommunikation auf zwei gleichrangigen Säulen steht. Und zwar grundsätzlich als Bringschuld:

1) Die Sachebene
- schnell
- aufklärend
- sachlich
- plausibel

2) Die Gefühlsebene
- offen
- persönlich
- empathisch
- sympathisch

Zur Sachebene ist nicht viel zu sagen. »Sachlich« drücken sich Juristen, Betriebswirte, Ingenieure, Naturwissenschaftler und mitunter auch Politiker schließlich mit Vorliebe aus. Wenn diese Informationen künftig auch schnell, in einer einfachen, aufklärenden Sprache und plausibel, also einleuchtend, erfolgen, ist die linke Säule des Angst-Reduktions-Modells bereits erfolgreich abgedeckt.

Schwieriger wird es erfahrungsgemäß bei der rechten Säule (Gefühlsebene). Weil bei den zuvor genannten Berufsgruppen »Empathie« weder das Kerngeschäft noch eine Einstellungsvoraussetzung ist, fehlt meist schon das Grundverständnis für das erforderliche Einfühlungsvermögen. Ohne ein Mindestmaß an Betroffenheit jedoch werden auch die vielen Spielarten der partizipativen Kommunikation von Gesprächsforen über runde Tische bis hin zu Konferenzen leere Hüllen mit geringen Erfolgsaussichten bleiben.

Eine praktische Hilfestellung in das Einfühlen in die Gedanken, Gefühle und in das Weltbild der Gesprächspartner ist der Perspektivwechsel: Wie würde ich selbst reagieren, wenn ich Betroffener auf der anderen Seite wäre? Wer fürchtet sich wovor? Wer fürchtet sich vor meinem Projekt und meinen Ansichten? Und warum?

Die Menschen entwickeln ein feines Gespür dafür, wer Ihnen nach dem Munde redet, um sie für sich einzunehmen, und wer tatsächlich »offen« ist. Offen für Sorgen und Nöte, offen für Argumente, offen auch für unliebsame Repliken und – ja, bis zu einem gewissen Grad sogar ergebnisoffen. Wobei Offenheit klare Standpunkte braucht und durchaus verträgt – wenn die übrigen Aktivposten der rechten Säule stimmen. Bemerkenswerterweise sind Persönlichkeiten, die Kante zeigen und die klare Positionen artikulieren, eher akzeptiert als blasse, konturlose Apparatschiks.

Kann ein Konzern oder eine Regierung »persönlich« sein? Selbstverständlich, durch die Person des Verhandlungsführers, des Chefs (CEO, Regierungschef, Sprecher). Er wird als Person wahrgenommen und nicht als Institution. Bürger, ob als Einzelpersonen oder in einer Initiative, wollen trotz ihrer Gruppenzugehörigkeit und ihrer Gruppeninteressen als Individuen wahrgenommen und behandelt werden. Und das gilt vice versa. Nur wer als Person und als Persönlichkeit dem Bedürfnis nach Wertschätzung Rechnung trägt, hat Aussicht auf einen erfolgreichen Dialog.

Bleibt schließlich als vierte Bedingung der rechten Säule der Sympathiefaktor. Natürlich ist es höchst individuell, ob eine Person als sympathisch empfunden wird oder auf Ablehnung stößt. Dennoch gibt es ein allgemeines Grundverständnis darüber, wem man glaubt, trauen zu können. Würde ich meinem Gegenüber unbesehen einen Gebrauchtwagen abkaufen? Zieht mich der Ministerpräsident oder der Vorstandsvorsitzende mutmaßlich über den Tisch?

Das gemeinsame Bindeglied zwischen der Sachebene und der Gefühlsebene ist die Sprache. Es ist ein Grundanliegen der Bürger, sein Gegenüber zu verstehen. Ein angsterzeugender und damit kontraproduktiver Faktor ist demnach im Umgang mit Bürgern der Einsatz der falschen Sprache. Damit ist nicht etwa eine Fremdsprache gemeint, obwohl so manche juristische oder technische Ausführung bei Anhörungen den Zuhörern in der Tat wie Chinesisch vorkommt. Deshalb gilt:

- Klare, einfache Botschaften
- Positive Formulierungen (»Das Glas ist immer halb voll, nie halb leer«)
- Keine Fachbegriffe
- Keine Fremdwörter
- Keine Abkürzungen

Wer Verständnis erwartet, muss verstanden werden.

3. Fazit

Von der kulturpessimistischen Haltung eines Le Bon, der zutiefst davon überzeugt war, dass der Mensch in der Masse seine Kritikfähigkeit verliert und die Masse in ihrer Affektivität von Führern leicht zu lenken sei, bis zu der heutigen Erkenntnis, dass mit transparenter Information und Empathie eine Win-win-Situation geschaffen werden kann, liegen knapp 120 Jahre und ein sich abzeichnender Paradigmenwechsel. Wertschätzende Bürgerbeteiligung wird die kommende Dialogform sein, wenn nicht Projekte allein durch verhärtete Fronten, durch Partikularinteressen und die zunehmend vielfältigeren Möglichkeiten des formellen und informellen plebiszitären Nein-Sagens verzögert oder gänzlich blockiert werden sollen. Die Bürger verstehen heißt nicht, automatisch allen Forderungen nachgeben. Die Bürger verstehen heißt aber in jedem Fall, ihre Ängste ernst zu nehmen und sich damit auseinanderzusetzen. Die gescheiterte dritte Startbahn am Münchner Flughafen durch einen Bürgerentscheid im Sommer 2012 sollte den Technikgläubigen die Augen öffnen, die noch immer allein auf die Kraft der Sachebene setzen. Auf dem Weg zum gegenseitigen Verständnis müssen alle verfügbaren Kanäle genutzt werden: Dabei bleibt das persönliche Gespräch ebenso unverzichtbar wie der Informationsaustausch über Medien und auch die neuen sozialen Netzwerke. Damit die Angst eben ein **schlechter** Ratgeber bleibt.

KAPITEL 2

Juristische Grundlagen und kommunikative Toolbox

Kapitel 2
2. Juristische Grundlagen und kommunikative Toolbox

2.1. Vom Zuschauer zum Gegner – die juristische Toolbox der Projektgegner

Prof. Dr. Ralf Leinemann, Leinemann Partner Rechtsanwälte

Bedeutende Großprojekte geraten zunehmend unter den Druck weiter Kreise der Öffentlichkeit. Wo früher einzelne politische Lager gegen bestimmte Vorhaben protestierten, geht der Protest heute von einem breiten Querschnitt der Bevölkerung aus. Selbst ordnungsgemäß durchgeführte Genehmigungsverfahren vermindern das Verständnis für Proteste gegen Großvorhaben kaum. Zudem gibt es typische Versäumnisse, die den Gegnern eines Projekts Angriffspunkte liefern. Aus juristischer Sicht stellen dabei die betreffenden Genehmigungen das primäre Angriffsziel dar, um mittels Partizipation Projekte zu blockieren. Diese und weitere Möglichkeiten der Projektbehinderung sollen im Folgenden dargestellt werden.[1]

1. Ausgangslage

Weite Teile der Bevölkerung bringen generell Verständnis für Proteste gegen große Bauprojekte auf. Schon auf den bloßen Begriff »große Bauprojekte« reagiert die Mehrheit spontan negativ – trotz der Assoziation mit Arbeitsplätzen, Fortschritt und Wachstum.

Auf eine vom Allensbacher Institut für Demoskopie im September 2011 durchgeführte Erhebung antworteten auf die Frage »Haben Sie dafür Verständnis, wenn Bürger gegen große Bauprojekte protestieren, oder haben Sie dafür kein Verständnis?« beachtliche 76 % der Befragten, dass sie dafür »grundsätzlich Verständnis« hätten. Die Frage »Haben Sie dafür Verständnis, wenn Bürger gegen große Bauprojekte protestieren, auch wenn die Bauprojekte bereits beschlossen und genehmigt sind, oder haben Sie dafür kein Verständnis?« wurde von 68 % der Befragten dahingehend beantwortet, dass sie dafür Verständnis hätten. Verständnis besteht insbesondere auch für den »Widerstand der Betroffenen« – und zwar auch gegen Mehrheiten.

1 Der Verfasser dankt Herrn Rechtsanwalt Dr. Martin Büdenbender aus dem Büro Leinemann Partner Rechtsanwälte in Köln für seine Mitwirkung an diesem Beitrag.

Für Proteste von Anwohnern und Versuche, Projekte zu verhindern, auch wenn die Mehrheit der Bürger das Projekt befürwortet, haben Verständnis:

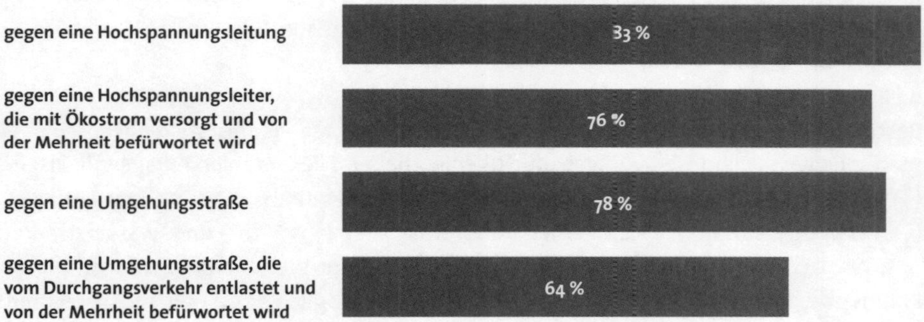

Angriffspunkte für den Widerstand der Gegner eines Projekts liefern dabei typische Versäumnisse von Vorhabenträgern:

- Der Vorhabenträger kommuniziert nur unzureichend mit Behörden, Kommunen, Politik und Öffentlichkeit. Eine derartige Kommunikation ist bei kommunalen Unternehmen selbstverständlicher.
- In vielen Fällen fehlt die Qualitätssicherung der Antragsunterlagen, weil bei ihrer Erstellung auf das erforderliche kompetente Projektmanagement verzichtet wird.
- Angesichts der erweiterten Klagerechte von Verbänden werden die gesteigerten Anforderungen an die Antragsunterlagen unterschätzt.
- Vielfach fehlt eine konsequente und permanente Verfahrensbegleitung.
- Zudem wird auf den Sofortvollzug von Genehmigungen verzichtet. Dies begründet die Gefahr, dass Änderungen der Genehmigung erforderlich werden oder die Planrechtfertigung durch neue Sachverhaltsaspekte später wegfällt.

In all diesen Fällen fällt es den Projektgegnern leicht, die juristische Toolbox zu öffnen und deren Instrumentarien wirkungsvoll einzusetzen. Dies soll im Folgenden näher beleuchtet werden.

2. Angriff gegen eine staatliche Entscheidung

Große Bau- und Infrastrukturprojekte dürfen nur realisiert werden, wenn sie durch einen Planfeststellungsbeschluss, einen Bebauungsplan oder eine spezialgesetzlich geregelte Genehmigung legitimiert sind. Diese staatlichen Entscheidungen stellen den zentralen juristischen Angriffspunkt der Projektgegner dar. Auch das Denkmalschutzrecht kann bei der Behinderung von Projekten eine nicht zu unterschätzende Rolle spielen.

2.1 Planfeststellungsbeschluss

Bestimmte Projekte erfordern zu ihrer Genehmigung einen Planfeststellungsbeschluss; man spricht von planfeststellungsbedürftigen Vorhaben. Hierzu zählen Anlagen für Eisen- (§ 18 AEG) und Straßenbahnen (§ 28 PBefG), Hochspannungs- und Gasversorgungsleitungen (§ 43 EnWG), Flughäfen (§ 8 LuftVG), Bundesfernstraßen (§ 17 FStrG) und -wasserstraßen (§ 14 WaStrG). Diese Vorhaben berühren typischerweise eine Vielzahl von Interessen, die im Rahmen des Planfeststellungsverfahrens beachtet und möglichst zu einem sachgerechten Ausgleich geführt werden sollen.

2.1.1 Rechtliche Grundlagen

Durch die Planfeststellung wird die Zulässigkeit eines Vorhabens im Hinblick auf alle von ihm berührten öffentlichen Belange festgestellt (§ 75 VwVfG). Das bedeutet, dass neben der Planfeststellung andere behördliche Genehmigungen oder Erlaubnisse nicht erforderlich sind. So werden durch die Planfeststellung alle öffentlich-rechtlichen Beziehungen zwischen dem Vorhabenträger und den durch den Plan Betroffenen umfassend und rechtsgestaltend geregelt.

Zentrale Bedeutung beim Erlass eines Planfeststellungsbeschlusses hat das Anhörungsverfahren, in dem der Plan für einen Monat zur Einsicht ausgelegt wird und Betroffene Einwendungen geltend machen können (§ 73 VwVfG). Darüber ist dann im Planfeststellungsbeschluss zu entscheiden (§ 74 VwVfG). Wesentlicher Vorgang beim Erlass des Beschlusses ist die Abwägung der betreffenden Belange, die in mehreren »Stufen« erfolgt: Zunächst ist eine Sammlung des maßgeblichen Abwägungsmaterials durch die Planfeststellungsbehörde erforderlich. Sodann müssen die als relevant festgestellten Belange bewertet werden. Diese sind dann abschließend gegeneinander abzuwägen. Bedeutsam ist, dass bereits Verfahrensfehler i. d. R. zur Rechtswidrigkeit des Beschlusses führen, wenn sie sich auf die Entscheidung ausgewirkt haben.

2.1.2 Einwendungen

Angriffe gegen ein planfeststellungsbedürftiges Vorhaben können zunächst bereits im Anhörungsverfahren in Form von Einwendungen geführt werden. Solche Einwendungen können bis zwei Wochen nach Ablauf der Auslegungsfrist eingereicht werden (§ 73 Abs. 4 S. 1 VwVfG). Danach tritt Präklusion ein, was bedeutet, dass die Projektgegner in einem sich etwa anschließenden gerichtlichen Verfahren grundsätzlich mit verspäteten Einwendungen ausgeschlossen sind. Kam es hier zu Versäumnissen, können Angreifer die Strategie wählen, die Ordnungsgemäßheit der Öffentlichkeitsbeteiligung infrage zu stellen (z. B. Unvollständigkeit der Unterlagen). Einwendungen können den Erlass des Beschlusses verzögern oder ihn sogar gefährden, wenn etwa geltend gemacht wird, dass in dem von dem Vorhaben betroffenen Gebiet geschützte Tierarten (z. B. Kiebitz, Fledermäuse oder Juchtenkäfer) aufgefunden worden seien.

2.1.3 Gerichtlicher Rechtsschutz

Wurde der Planfeststellungsbeschluss erlassen, können die Projektgegner um verwaltungsgerichtlichen Rechtsschutz ersuchen. Während im Hauptsacheverfahren eine abschließende Entscheidung getroffen werden soll, geht es im Verfahren des vorläufigen Rechtsschutzes darum, einstweilen den Status quo bis zur Entscheidung in der Hauptsache zu bewahren. Die Inanspruchnahme gerichtlichen Rechtsschutzes führt regelmäßig zu Verzögerungen bei der Projektrealisierung, weil die Mühlen der Verwaltungsgerichtsbarkeit langsam mahlen.

Wesentliche Voraussetzung einer Klage vor dem Verwaltungsgericht ist die Klagebefugnis (§ 42 Abs. 2 VwGO). Der Kläger muss geltend machen können, in eigenen subjektiven Rechten verletzt zu sein. Grundsätzlich reicht es dafür aus, dass dingliche oder persönliche Rechte in relevanter Weise betroffen sind, was regelmäßig bei der Zunahme von Lärm oder anderer Immissionen der Fall ist. Unternehmen können vortragen, dass die Entwicklungsmöglichkeiten ihres Betriebes beeinträchtigt seien.

Eine Besonderheit hinsichtlich der Klagebefugnis besteht bei Umwelt- und Naturschutzvereinen. Diese können bei Verstößen gegen naturschutzrechtliche Bestimmungen Klage erheben, um Beeinträchtigungen der Umwelt gerichtlich überprüfen zu lassen, ohne eine Verletzung eigener Rechte geltend machen zu müssen (§ 64 BNatSchG, § 2 UmwRG). Der Europäische Gerichtshof hat mit dem sogenannten Trianel-Urteil vom 12. Mai 2011[2] den Kreis derer, die zulässigerweise Rechtsschutz ersuchen können, erheblich erweitert. Er hat aus der Umweltverträglichkeitsrichtlinie[3] die Befugnis von Umweltverbänden abgeleitet, gerichtlich gegen die Genehmigung solcher Projekte vorzugehen, die möglicherweise erhebliche Auswirkungen auf die Umwelt haben. Dabei sollen Umweltverbände jedwede Verletzung von Umweltschutzvorschriften

2 EuGH, Urteil vom 12. Mai 2011, Rs. C-115/09 – Trianel

3 Richtlinie 85/337/EWG des Rates vom 27. Juni 1985 über die Umweltverträglichkeitsprüfung bei bestimmten öffentlichen und privaten Projekten.

geltend machen können, selbst wenn diese nur die Interessen der Allgemeinheit und nicht die Rechtsgüter Einzelner schützen. Hier wurde ein sehr weitgehendes Klagerecht geschaffen.

Klagen gegen Planfeststellungsbeschlüsse haben jedoch keine aufschiebende Wirkung.[4] Deshalb können die Gegner eines Projekts versuchen, dieses durch die Inanspruchnahme vorläufigen Rechtsschutzes zu blockieren, indem sie bei Gericht beantragen, die aufschiebende Wirkung anzuordnen (§ 80 Abs. 5 VwGO). So kann der Vollzug des Beschlusses vorläufig verhindert werden.

Der Antrag auf Anordnung der aufschiebenden Wirkung ist begründet, wenn das Interesse des Antragstellers an der Beibehaltung des aktuellen Zustands das öffentliche Interesse an einer Vollziehung des betreffenden Planfeststellungsbeschlusses überwiegt. Dies ist regelmäßig der Fall, wenn ein Obsiegen in der Hauptsache wahrscheinlich ist, weil sich der angegriffene Planfeststellungsbeschluss nach summarischer Prüfung als rechtswidrig erweist. Lässt sich dies nicht feststellen, nehmen die Gerichte eine zusätzliche Interessenabwägung vor.

Die Hochmoselquerung hat die Justiz über mehrere Jahre beschäftigt – ein Straßenbauprojekt, das maßgeblich durch eine raumgreifende Brücke über die Mosel auf Höhe der Weinberge gekennzeichnet ist. Ziel der Baumaßnahme ist die Herstellung einer leistungsfähigen Straßenverbindung und die Erschließung des strukturschwachen Hunsrücks sowie der Eifel. Allerdings standen einer Umsetzung des Projekts zunächst Grau-, Schwarz- und Mittelspecht entgegen, die in den von dem Bauprojekt betroffenen Wäldern lebten. Das BVerwG nahm in seinem Beschluss vom 27. Mai 2003[5] eine Interessenabwägung vor, die zulasten des Vorhabenträgers ausfiel. Die planfestgestellte Trasse sei möglicherweise als mit der europäischen Vogelschutzrichtlinie unvereinbar anzusehen. Zudem bestehe die konkrete Gefahr, dass die genannten Vogelvorkommen erheblich beeinträchtigt werden könnten. Etwa viereinhalb Jahre später kam das OVG Koblenz mit Urteil vom 7./8. November 2007[6] in der Hauptsache zum gegenteiligen Ergebnis: Die Klage sei unbegründet, weil das Vorhaben mit dem europäischen und nationalen Vogel-, Habitat- und Artenschutzrecht vereinbar sei. Der Bau führe nicht zu erheblichen Beeinträchtigungen der Erhaltungsziele des betroffenen europäischen Vogelschutzgebietes. Die vier Jahre seit der ersten Entscheidung waren freilich unwiderruflich verloren.

4 § 18e Abs. 2 S. 1 AEG, § 43e Abs. 1 S. 1 EnWG, § 10 Abs. 6 S. 1 LuftVG, § 17a Abs. 2 S. 1 FStrG, § 14 e Abs. 2 S. 1 WaStrG und § 29 Abs. 6 S. 2 PBefG.

5 BVerwG, Beschluss vom 27. Mai 2003, 4 VR 4.03.

6 OVG Koblenz, Urteil vom 7./8. November 2007, 8 C 11523/06; bestätigt durch BVerwG, Beschluss vom 17. Juli 2008, 9 B 15.08.

2.2 Bebauungsplan

Das Angriffsziel der Projektgegner kann auch ein Bebauungsplan sein. Bei seiner Aufstellung ist eine Vielzahl von Anforderungen zu berücksichtigen, z. B. gesunde Wohn- und Arbeitsverhältnisse, die Sicherheit und die sozialen und kulturellen Bedürfnisse der Bevölkerung, die Belange des Denkmal- und Umweltschutzes und die der Wirtschaft, die Sicherung und Schaffung von Arbeitsplätzen sowie die Versorgung mit Energie und Wasser (§ 1 Abs 6 BauGB). Die öffentlichen und privaten Belange sind gegeneinander und untereinander gerecht abzuwägen (§ 1 Abs. 7 BauGB). Hier liegt es auf der Hand, dass man über das Ergebnis einer solchen Abwägung trefflich streiten kann.

Die Rechtmäßigkeit eines Bebauungsplans, der als Satzung erlassen wird (§ 10 Abs. 1 BauGB), kann im Wege eines Normenkontrollantrags überprüft werden (§ 47 VwGO). Dazu reicht es regelmäßig aus, wenn ein Betroffener geltend macht, dass der Bebauungsplan relevante Belange im Rahmen der Abwägung nicht angemessen berücksichtige und z. B. keinen angemessenen Schutz vor Verkehrslärm oder Emissionen vorsehe. Einwendungen, die nicht im Rahmen der öffentlichen Auslegung des Bebauungsplans geltend gemacht wurden, werden jedoch grundsätzlich nicht mehr berücksichtigt (§ 3 Abs. 2 BauGB).

Ein Beispiel: Das OVG Münster erklärte mit Urteil vom 03. September 2009[7] einen Bebauungsplan für unwirksam, der das Planungsrecht für ein neues Steinkohlekraftwerk schaffen sollte. Das Gericht stellte u. a. fest, dass der Bebauungsplan unter mehreren Gesichtspunkten abwägungsfehlerhaft sei. Die für die »Abwägungsgerechtigkeit« maßgeblichen städtebaulichen Belange seien nicht erkannt, jedenfalls seien sie bei der Abwägungsentscheidung falsch gewichtet worden. Der Bebauungsplan verstoße zudem gegen das Gebot der planerischen Konfliktbewältigung. Des Weiteren seien die möglichen Auswirkungen der Planung auf ein Naturschutzgebiet nicht ausreichend untersucht und bewertet worden. All diese Abwägungsfehler seien offensichtlich und ergebnisrelevant. Damit wurde die Realisierung des Projekts erheblich beeinträchtigt.

2.3 Angriff gegen bauaufsichtliche oder immissionsschutzrechtliche Genehmigung

Verschiedene Vorhaben bedürfen zu ihrer Realisierung einer bau- oder immissionsschutzrechtlichen Genehmigung.

Eine Baugenehmigung, die z. B. für den Bau eines Büro- oder Geschäftsgebäudes benötigt wird, enthält die Feststellung, dass das genehmigte Vorhaben mit dem zum Zeitpunkt der Erteilung der Genehmigung geltenden öffentlichen Recht übereinstimmt. Sie legalisiert den Bau und den späteren Bestand des Bauwerks. Da Widerspruch und Anfechtungsklage eines Dritten gegen die Baugenehmigung keine aufschiebende Wirkung zukommt (§ 212 a Abs. 1 BauGB), kann zur einstweiligen Verhinderung eines Projekts ein

7 OVG Münster, Urteil vom 03. September 2009, 10 D 121/07.

Antrag auf Anordnung bzw. Wiederherstellung der aufschiebenden Wirkung gestellt werden (§§ 80 Abs. 5, § 80a VwGO).

Einer immissionsschutzrechtlichen Genehmigung bedürfen die Errichtung und der Betrieb solcher Anlagen, die aufgrund ihrer Beschaffenheit oder ihres Betriebs in besonderem Maße geeignet sind, schädliche Umwelteinwirkungen hervorzurufen oder die Allgemeinheit sonst zu gefährden, erheblich zu benachteiligen oder erheblich zu belästigen (§ 4 Abs. 1 BImSchG). Hier kann eine Verzögerung mittels einer Anfechtungsklage erreicht werden, der in diesen Fällen aufschiebende Wirkung zukommt. So stellte das OVG Münster in einem Beschluss vom 24. September 2009[8], der die Teilgenehmigung der Brennstoffanlieferung für ein Kraftwerk betraf, die aufschiebende Wirkung der Klage einer Umweltvereinigung fest. Eine offensichtliche Unzulässigkeit der Klage, bei der eine aufschiebende Wirkung entfallen könne, sei nicht gegeben; insbesondere fehle es nicht an der Klagebefugnis. Eine mögliche Umweltrelevanz sämtlicher in der Teilgenehmigung geregelter Inhalte lasse sich nicht offensichtlich verneinen. Damit war dem Projekt vorläufig ein Riegel vorgeschoben. Bis zur Entscheidung der Hauptsache kann es Jahre dauern.

2.4 Angriffsmittel Denkmalschutz

Befindet sich im Bereich des neuen Vorhabens ein Denkmal, kann sogar dies dem Projekt entgegenstehen. Hier wird die zuständige Denkmalschutzbehörde zum Projektgegner, wenn sie keine Abrissgenehmigung für das Denkmal erteilt. Die Entscheidung über einen Abbruchantrag steht nämlich im pflichtgemäßen Ermessen der Denkmalschutzbehörde (z. B. § 9 DenkmalSchutzG NRW), was ihr naturgemäß einen weiten Entscheidungsspielraum eröffnet.

Beim Bahnprojekt Stuttgart 21 hatte sich das Landesdenkmalamt im Anhörungsverfahren kritisch geäußert, indem es auf die gravierenden Substanzverluste am Bonatz'schen Hauptbahnhof und den damit verbundenen Verlust der architektonisch-künstlerischen Gesamtwirkung hinwies. Nach Zeitungsberichten wurde der negativen Haltung der Denkmalpfleger mit einer Änderung der Organisationsstruktur der Landesdenkmalpflege begegnet.

Bei dem Projekt Kö-Bogen in Düsseldorf befindet sich eine unter Denkmalschutz stehende Hochstraße, der sogenannte »Tausendfüßler«, auf einer Achse, in der im Zuge des Projekts eine Tunnelröhre errichtet werden soll. In einem 2012 noch laufenden denkmalschutzrechtlichen Verfahren entscheidet der zuständige Landesminister über die Abbruchgenehmigung; er will hierfür aber noch Gutachten einholen. Sollte die Entscheidung nicht zugunsten der Landeshauptstadt Düsseldorf ausfallen, wird dies zu einer Einschränkung des Gesamtprojekts durch Verzicht auf die betreffende Tunnelröhre führen und den angestrebten Projekterfolg schmälern.

8 OVG Münster, Beschluss vom 24. September 2009, 8 B 1342/09.

3. Angriff durch breite Mobilisierung

Projekte können auch durch eine breite Mobilisierung der Bevölkerung angegriffen werden. Den rechtlichen Rahmen bilden auf kommunaler Ebene das Bürgerbegehren bzw. der Bürgerentscheid als Instrumente der direkten Demokratie.[9] Dabei steht es der Zulässigkeit eines Bürgerbegehrens nicht entgegen, wenn es sich auf ein Vorhaben bezieht, dem außerordentliche Bedeutung für den Wirtschaftsstandort zukommt.[10]

Im Rahmen eines Bürgerbegehrens können die Bürger beantragen, dass sie anstelle des Rates über eine Angelegenheit der Gemeinde selbst entscheiden (z. B. § 26 GO NRW). Das Begehren muss von einer bestimmten Anzahl der Bürger unterzeichnet sein. Zu unterscheiden ist zwischen dem initiierenden Begehren, mit dem etwas Neues erreicht werden soll, und dem kassierenden Begehren, das die Durchführung eines beschlossenen Projekts verhindern soll. Bürgerbegehren sind nur in bestimmten Fällen unzulässig, etwa bei Angelegenheiten, die im Rahmen eines Planfeststellungsverfahrens zu entscheiden sind oder im Zusammenhang mit Bauleitplänen. Diese Einschränkungen können von Projektgegnern jedoch »umgangen« werden. So kann etwa begehrt werden, ein das Projekt hinderndes Gebäude unter Denkmalschutz zu stellen, um dessen Abriss zu vereiteln. In Betracht kommt auch, dass der Verkauf eines für das Projekt erforderlichen städtischen Grundstücks abgelehnt wird.[11] Von Bedeutung ist, dass dem Bürgerbegehren grundsätzlich Suspensivwirkung bis zur Feststellung des Ergebnisses des Bürgerentscheids zukommt. Das bedeutet, dass ein Projekt zumindest bis Ende der Abstimmung nicht realisiert werden darf.

Der Bürgerentscheid ist dadurch gekennzeichnet, dass von den Bürgern über die gestellte Frage nur mit Ja oder Nein abgestimmt werden kann. Dabei kommt es auf die Mehrheit der gültigen Stimmen an, wobei allerdings ein Mindestquorum erreicht werden muss. Der Bürgerentscheid hat die Wirkung eines Ratsbeschlusses und kann vor Ablauf von zwei Jahren auf Initiative des Rates nur durch einen neuen Bürgerentscheid abgeändert werden.

Bei dem höchst umstrittenen Projekt des Neubaus der Waldschlößchenbrücke in Dresden kam es zu der umgekehrten Situation, dass sich Bürger mittels eines Bürgerentscheids gegen die Projektverhinderer in der Politik durchsetzten. Nachdem sich die Mehrheitsverhältnisse im Dresdner Stadtrat im Jahre 2004 geändert hatten und der zuvor beschlossene Bau der Elbbrücke infrage stand, beantragten Dresdner Bürgerinnen

9 Daneben gibt es auf Bundes- und Landesebene Volksabstimmungen, -begehren und -entscheide. Ein Volksentscheid wurde – ohne Erfolg für die Projektgegner – beim Projekt Stuttgart 21 über die Finanzierungsgesetze durchgeführt.

10 OVG Münster, Beschluss vom 06. Juli 2007, 15 B 1744/07.

11 OVG Münster, Beschluss vom 06. Juli 2007, 15 B 1744/07, betreffend den Erweiterungsbau für eine Unternehmenszentrale.

und Bürger einen Bürgerentscheid, in dessen Ergebnis sie sich mehrheitlich für das Bauprojekt aussprachen. Das OVG Bautzen entschied mit Beschluss vom 09. März 2007,[12] dass der Bürgerentscheid umgesetzt werden müsse. Vor dem Hintergrund der Erfahrung totalitärer Herrschaft, die den Bürger nicht als demokratisch Regierenden, sondern als autoritär Regierten behandelt habe, komme dem Bürgerentscheid als Akt unmittelbarer Demokratie eine entscheidende Bedeutung für die demokratische Rechtsordnung zu. Die Partizipation der Bürger führte so zur Realisierung des Projekts. Dies ist wohl eines der seltenen Beispiele, wie Bürgerbeteiligung statt zur Verhinderung zur Realisierung eines Projekts genutzt wurde. Die Brücke steht mittlerweile kurz vor der Fertigstellung.

4. Zivilrechtliche Ansprüche

Projektgegner können auch zivilrechtliche Ansprüche geltend machen, um Projekte zu verhindern. So kann ein Nachbar sich auf sein Eigentumsrecht am Grundstück stützen, das die Befugnis umfasst, Einwirkungen wie etwa Beschädigung, Benutzung oder Immissionen auf dieses auszuschließen (§ 903 BGB). Der Abwehranspruch besteht dagegen nicht bei nur unwesentlichen Einwirkungen auf ein Grundstück (§ 906 BGB), was an der Überschreitung von Grenz- oder Richtwerten etwa aus dem Immissionsschutzrecht festzumachen ist.[13] Da das Eigentumsrecht auch den Erdkörper des Grundstücks erfasst, sind Vertiefungen auch eines eigenen Grundstücks z. B. durch Aushebung einer tiefen Baugrube dann unzulässig, wenn sie negative Auswirkungen auf ein Nachbargrundstück haben (§ 909 BGB). Dadurch sollen Nachbargebäude in ihrer Substanz geschützt werden. Ein Unterlassungsanspruch besteht allerdings nicht, wenn für eine genügende, anderweitige Befestigung gesorgt ist. Auch Abwehransprüche aus nachbarlichem Gemeinschaftsverhältnis sind möglich, wie sie in den Nachbarschaftsgesetzen der Länder kodifiziert sind.

Im Übrigen hat der Nachbar aufgrund des sog. Hammerschlags- und Leiterrechts grundsätzlich die vorübergehende Betretung und Benutzung seines Grundstücks für Bauzwecke zu dulden (z. B. § 17 Berliner Nachbarrechtsgesetz). Dies gilt aber nur so weit, als die Nutzung verhältnismäßig und das Vorhaben genehmigt ist. Verweigert der Nachbar die Inanspruchnahme seines Grundstücks, muss der Bauherr Zivilklage erheben – was wiederum Zeitverlust bedeutet.

5. Angriff bei Ausschreibung: Mehrkosten aus verzögerter Vergabe

Ein probates Mittel, um ein Projekt zu blockieren, ist es, dessen Kosten in die Höhe zu treiben. Ist die öffentliche Hand Vorhabenträger, so wird sie die zur Realisierung des Projekts notwendigen Leistungen im Regelfall im Wege einer Ausschreibung beschaffen müssen.

12 OVG Bautzen, Beschluss vom 09. März 2007, 4 BS 216/06.

13 DW 4150 Teil 2, TA Luft oder TA Lärm.

Hier kann es zu Verzögerungen bei der Auftragsvergabe kommen, wenn Unternehmen ein Vergabenachprüfungsverfahren nach dem Vierten Teil des GWB (§§ 97 ff. GWB) einleiten. Zudem kann die Vergabe durch politischen Druck, eine zeitintensive »Schlichtung«, einen Zwist zwischen den Ministerien, der die Mittelfreigabe blockiert, und falsche Budgetberechnungen, welche die Prüfinstanzen auf den Plan rufen, verzögert werden – oft um Monate oder gar Jahre (z. B. Projekt Stuttgart 21, Schiffshebewerk Niederfinow). Aufgrund der Verzögerungen wird schon vor Vertragsschluss klar, dass Mehrkosten wegen einer verlängerten Bauzeit sowie gestiegener Preise (z. B. für Beton und Stahl) entstehen werden. Dann stellt sich die Frage nach dem Vergabeverfahrensrisiko: Wer trägt die Kosten einer verzögerten Vergabe? Der BGH hat hierzu in seinem Grundsatzurteil vom 11. Mai 2009[14] festgestellt, dass die Verzögerung des Vergabeverfahrens nicht zulasten des Bieters gehen darf, der sich im Wettbewerb durchgesetzt hat. Die Einrichtung des Vergaberechtsschutzes soll die Rechtsstellung der Bieter gegenüber dem Auftraggeber stärken, nicht schwächen. Der Bieter dürfe am Ende wirtschaftlich nicht schlechter dastehen als zuvor, indem die Verzögerungskosten auf ihn übergewälzt werden. Konsequenz ist, dass der Auftraggeber das Vergabeverfahrensrisiko trägt, wenn sich die Ausführungsfrist verschiebt und der Vertragspreis anzupassen ist (§ 2 Abs. 5 VOB/B analog). Maßgeblich für die Ermittlung der Höhe der Mehrvergütung sind dann die Mehrkosten, die ursächlich auf die Verschiebung der Bauzeit zurückzuführen sind. Diese zusätzlichen Kosten können zu einem Scheitern des Projekts führen.

6. Fazit

In einem dicht besiedelten Land wie Deutschland muss sich jeder, der ein Bau- oder Industrieprojekt betreibt, des Umstandes gewahr sein, dass das Vorhaben die Aufmerksamkeit interessierter Kreise finden und bei einem gewissen Teil der Bevölkerung Ablehnung hervorrufen wird. Ob die ablehnende Haltung zu einem Projekt zur Mehrheitsmeinung oder wenigstens zu einer so starken Tendenz wird, dass die Durchsetzbarkeit des Vorhabens in Gefahr gerät, hängt auch von einer sorgfältigen rechtlichen Vorbereitung ab. Die oben dargestellte Toolbox potenzieller Projektgegner muss schon in der Konzipierungsphase antizipiert und im Hinblick auf das konkrete Vorhaben berücksichtigt werden. Je größer ein Projekt ist, umso wahrscheinlicher ist eine breite öffentliche Diskussion. Wer früher noch dachte, mit einer diskreten Abwicklung unter rein formalistischer Betrachtung abwegungserheblicher Fragen könne ein Projekt quasi geräuschlos zur Realisierung gebracht werden, muss heute umdenken. Nur wenn in der Konzipierungsphase alle möglichen Hinderungsgründe und Gegenargumente

14 BGH, Urteil vom 11. Mai 2009, VII ZR 11/08; dazu eingehend Leinemann, Die Vergabe öffentlicher Aufträge, 5. Aufl., Rn. 307 ff.

sorgfältig zusammengetragen und abgewogen werden, ist eine Projektvorbereitung getroffen, die zu einer realistischen Einschätzung der Realisierungsmöglichkeiten führt. Wer beispielsweise an einem Naturschutzgebiet baut, tut gut daran, dieses biologisch sorgfältig zu analysieren, statt darauf zu hoffen, dass es nur irrelevante Einwendungen geben werde. Der erste vorgefundene Kiebitz auf einer zur Bebauung vorgesehenen Wiese stellt bereits eine konkrete Realisierungsgefahr dar.

Das Beispiel Stuttgart 21 zeigt aber auch die Grenzen einer juristischen Machbarkeit. Das dort mit allen Planfeststellungen und sonstigen Genehmigungen ordnungsgemäß versehene Projekt zog dennoch so massiven Bürgerprotest nach sich, dass erst die bekannte, in den Rechtsnormen nicht vorgesehene öffentliche Schlichtung die Voraussetzungen für eine Umsetzbarkeit des Projekts schaffen konnte. Obwohl die rechtliche Voraussetzung für den Baubeginn bestanden hätte, zog in Anbetracht der Proteste selbst der Bauherr Deutsche Bahn vor, die Unbill einer unabsehbaren Projektverzögerung in Kauf zu nehmen, freilich erst, nachdem Ausmaß und Heftigkeit des Bürgerprotestes (»Wutbüger«) deutlich geworden waren. Auch die lange Dauer von Genehmigungsverfahren mag eine Problemursache darstellen. Jahre zurückliegende Anhörungstermine verlieren selbst dann, wenn seinerzeit die Bürgereinwendungen zufriedenstellend abgewogen werden konnten, ihren beabsichtigten Zusammenfassungs- und Befriedungscharakter, wenn das genehmigte Vorhaben erst Jahre später umgesetzt wird. Insofern dient eine Beschleunigung von Genehmigungsverfahren nicht etwa nur der raschen Umsetzbarkeit von Projekten, sondern stellt auch sicher, dass aktuelle Bedenken und Einwendungen im allseitigen Interesse zeitnah bewältigt werden können. Konsequent sieht der im März 2012 vorgelegte Entwurf eines »Planungsvereinfachungsgesetzes« nicht nur Beschleunigungsregelungen, sondern gerade auch eine frühe Öffentlichkeitsbeteiligung vor, die sogar dem eigentlichen Genehmigungsverfahren noch vorgelagert werden soll.[15]

Auch für die juristischen Berater ändert sich das Anforderungsprofil. Die Projektkommunikation erfordert kommunikativ gewandte Personen, die in der Öffentlichkeit, bei Nachbarn und Interessengruppen das Vorhaben darstellen und vermitteln. Das Abspulen von Faktenwissen und Erläuterungen zur Aussichtslosigkeit von Rechtsmitteln allein reichen nicht mehr aus. Rechtsanwälte können gerade bei umkämpften Projekten auch dadurch zum Erfolg beitragen, indem sie sich als geschickte Kommunikatoren und einfühlsame Debattenredner präsentieren, anstatt das immer wieder auftauchende Klischee des forschen Durchsetzers scheinbar übermächtiger Interessen von Technokraten zu bedienen.

15 Pressemitteilung des Bundesministeriums für Verkehr, Bauwesen und Städtebau Nr. 51/2002 vom 28. März 2012 sowie der ebenfalls vom BMVBS erstellte Entwurf »Handbuch für eine gute Bürgerbeteiligung«, einsehbar unter www.bmvbs.de.

Die Vorbereitung eines Projektes ist heute wichtiger denn je. Mit Nachbarn wird man jenseits aller rechtlichen Erwägungen mit großem Vorlauf unmittelbaren Kontakt aufnehmen müssen. Die Analyse des Umfelds hinsichtlich Flora und Fauna, der Wasser-, Boden- und Luftverhältnisse, Prüfung der Verkehrsanbindung und von Lärm- und Emissionsfragen sind unerlässlich, schon bevor überhaupt der erste Genehmigungsantrag gestellt wird. Jenseits rechtlicher Fragestellungen ist auch die frühe Einbindung der örtlichen Politik und der zuständigen Genehmigungsbehörden notwendig. Erst wenn nach Würdigung all dieser Informationen deutlich wird, dass auf diesen Ebenen keine substanziellen Widerstände gegen das Projekt zu erwarten sind, kann die Bearbeitung der genehmigungsrechtlichen Seite umsetzungsorientiert begonnen werden. Ohne eine professionelle Projektkommunikation wird es in den meisten Fällen nicht gehen. Auch hier ist festzustellen, dass früher beliebte Argumente wie etwa die Schaffung von Arbeitsplätzen ihre Strahlkraft gänzlich eingebüßt haben. Wichtig sind eher die »weichen Faktoren« wie Lebensqualität, soziostrukturelle Einbindungen, aber auch eine allgemeinpolitische Rechtfertigung der Investition sowie ihr regionaler Nutzen, die erklärt und verdeutlicht werden müssen. Der interdisziplinäre Ansatz all derer, die ein Projekt voranbringen wollen, ist erforderlich, um einer nicht selten sehr bunt gemischten, kreativ geprägten und mit zunächst hohem Sympathiefaktor (»David gegen Goliath«) arbeitenden Gruppe von möglichen oder tatsächlichen Projektgegnern mehr entgegenzusetzen als nur den Hinweis darauf, dass das Vorhaben rechtswirksam genehmigt sei. Hier müssen auch die Juristen erkennen, dass neben die Frage rechtlicher Legalisierung mittlerweile auch andere Aspekte sozialer und politischer Akzeptanz getreten sind, die in gleicher Weise für den Projekterfolg entscheidend sein können.

2.2 Streiten, Schlichten, Untersuchen – Bauen im politisch-kritischen Umfeld

von Dr. Marc Oliver Hilgers und Michael Göger, LL.M.[1]

Über die Frage, ob und unter welchen Voraussetzungen Großbauvorhaben wünschenswert, sinnvoll und genehmigungsfähig sind, kommt es regelmäßig zum Streit. Gegner und Befürworter von Großbauvorhaben liefern sich immer wieder einen erbitterten Kampf, der oft mit Gewalt und auf der Straße ausgetragen wird. Häufig genug kommt es dabei zu schweren Verletzungen, im Konflikt um die Startbahn West in Frankfurt kam es sogar zum Tod von zwei Menschen. Stuttgart 21 ist dabei nur das letzte Beispiel in einer Reihe von Auseinandersetzungen um Großbauvorhaben.

Die Konflikte zeigen, dass offensichtlich in vielen Fällen die vom Rechtsstaat vorgesehenen Verfahren nicht ausreichen, um einen politischen oder gesellschaftlichen Konsens über die Realisierung eines Großbauvorhabens zu erzielen. Zumindest aber sehen Gegner der Großbauvorhaben ihre Interessen in den Verwaltungsverfahren nicht ausreichend berücksichtigt. Häufig werden dann, quasi ergänzend zu den Verwaltungsverfahren, alternative Verfahren zur Streitbeilegung und zum Ausgleich der Interessen propagiert.

Nachfolgend werden zunächst kurz die gesetzlich vorgesehenen Verwaltungsverfahren sowie die wesentlichen alternativen Verfahren zur Streitbeilegung in der Theorie dargestellt. Anschließend werden zwei Beispiele für Verfahren zur Streitvermeidung aus der Praxis besprochen.

1. Raumordnungs- und Planfeststellungsverfahren

Großbauvorhaben durchlaufen vor ihrer Realisierung – im Gegensatz zu einem «normalen« Genehmigungsverfahren – in der Regel ein Raumordnungs- und ein Planfeststellungsverfahren.

Der wesentliche Unterschied zum gewöhnlichen Genehmigungsverfahren besteht dabei in der umfassenden Beteiligung der Bürger, deren Belange durch das Vorhaben betroffen sind, und der Behörden, deren Aufgabenbereich berührt wird. Innerhalb der Auslegungsfrist erhobene Einwendungen der betroffenen Bürger und Stellungnahmen der Behörden werden, ähnlich wie im förmlichen Verwaltungsverfahren, bei einem mündlichen Termin gemeinsam erörtert. Dieser Erörterungstermin ersetzt die einfache Anhörung des gewöhnlichen Verwaltungsverfahrens. Außerdem entfaltet die Auslegungsfrist eine materielle Präklusionswirkung. Einwendungen, die nach Ablauf der Ausschlussfrist erfolgen, werden weder durch die Feststellungsbehörde berücksichtigt, noch kann hierauf eine Drittanfechtungsklage gestützt werden.[2]

1 Leinemann Partner Rechtsanwälte, Berlin

2 Siehe hierzu ausführlich den Beitrag »Vom Zuschauer zum Gegner – die juristische Toolbox der Projektgegner« von Professor Dr. Ralf Leinemann

2. Alternative Verfahren

Neben den vorgenannten, zwingend durchzuführenden, förmlichen Verwaltungsverfahren zur Umsetzung der Großprojekte werden in der Praxis häufig auch alternative Verfahren zur Konfliktvermeidung und zum Interessenausgleich angewendet. Dem Mediations- und dem Schlichtungsverfahren kommt dabei ein besonderer Stellenwert zu. Beiden Verfahren ist gemeinsam, dass ihre Ausgestaltung letztlich nur dem Willen der Beteiligten unterliegt. Eine gesetzliche Voraussetzung für die Genehmigung von Großprojekten ist die Durchführung dieser Verfahren hingegen nicht. Auch wenn Mediations- und Schlichtungsverfahren in ihren »Reinformen« in der Praxis so gut wie nicht vorkommen, unterscheiden sie sich doch klar von Schiedsverfahren, für die regelmäßig eine genau vorgeschriebene Verfahrensordnung existiert und bei denen die Ausgestaltungsmöglichkeiten der Parteien deutlich kleiner sind.

Nachfolgend werden die allgemeinen Strukturen und Wesensmerkmale von Mediations, Schlichtungs- und Schiedsgerichtsverfahren im Überblick dargestellt. Daneben wird kurz auch auf die von der Bundesregierung ins Leben gerufenen »Bürgerdialoge« sowie auf die im Zusammenhang mit Großprojekten immer wieder tätig werdenden Untersuchungsausschüsse eingegangen.

2.1 Das Mediationsverfahren

Das Mediationsverfahren beruht auf der Idee, Konflikte durch Verhandlungs- und Vermittlungsstrategien beizulegen.

Die Bedeutung der Mediationsverfahren ist in den vergangenen Jahren stetig gewachsen. Zwar gibt es noch immer keine Legaldefinition des Begriffes »Mediation«. Allerdings plant die Bundesregierung die Verabschiedung eines Gesetzes zur Mediation.[3] § 1 des Mediationsgesetzes definiert die Mediation wie folgt:

»Mediation ist ein vertrauliches und strukturiertes Verfahren, bei dem Parteien mit Hilfe eines oder mehrerer Mediatoren freiwillig und eigenverantwortlich eine einvernehmliche Beilegung ihres Konflikts anstreben.«

Aus dieser Definition kann man klar erkennen, dass einem Mediationsverfahren drei Voraussetzungen zugrunde liegen:

3 Nach dem der Bundesrat zunächst seine Zustimmung zu dem Gesetzesentwurf verweigert hat, wird der Gesetzesentwurf derzeit im Vermittlungsausschuss beraten.

- **Vertraulichkeit des Verfahrens**
  Ein Mediationsverfahren findet unter Ausschluss der Öffentlichkeit statt. Die Vertraulichkeit ist für den Erfolg eines solchen Verfahrens ganz entscheidend. Nur so können die Parteien ihre regelungsbedürftigen Interessen wirklich offen besprechen.

- **Freiwilligkeit**
  Die Parteien entscheiden grundsätzlich selbst, ob sie eine Mediation durchführen wollen.

- **Eigenverantwortlichkeit**
  Das Erfordernis der Eigenverantwortlichkeit unterstreicht die Bedeutung der Autonomie der Parteien in der Mediation. Diese bleiben während des gesamten Verfahrens für die zur Konfliktbeilegung getroffenen Maßnahmen und Absprachen und insbesondere auch für den Inhalt der abzuschließenden Vereinbarung verantwortlich. Folge dieser Eigenverantwortlichkeit ist, dass der Mediator seine Tätigkeit unabhängig und neutral ausübt und keine eigene Entscheidungskompetenz hat. Eine Übertragung der Entscheidungskompetenz auf den Mediator erfolgt also, anders als bei einem Schiedsgerichtsverfahren, nicht. Der Mediator soll noch nicht einmal einen Vorschlag zur einvernehmlichen Lösung unterbreiten.

2.2 Das Schlichtungsverfahren

Schlichtungsverfahren können auf einer zwischen den Parteien festgelegten Schlichtungsvereinbarung, d. h. auf einem privat-autonom abgeschlossenen Vertrag, beruhen. Ein Beispiel hierfür sind etwa arbeitsrechtliche Schlichtungsvereinbarungen zwischen den Tarifparteien, welche ein Verfahren zur einvernehmlichen Beilegung oder Vermeidung eines Arbeitskampfes statuieren. Schlichtungsverfahren können aber auch gesetzlich vorgeschrieben sein. So ist beispielsweise in verschiedenen Bundesländern bei vermögensrechtlichen Ansprüchen bis 750 EUR vor Einleitung eines Gerichtsverfahrens ein Schlichtungsverfahren zwingend durchzuführen.[4]

Erstes Ziel jedes Schlichtungsverfahrens ist es, zwischen den Parteien eine einvernehmliche Lösung herzustellen. Hierzu erörtert der Schlichter, ebenso wie der Mediator im Mediationsverfahren, die Streitsache mit den Parteien. Dabei findet auch im Schlichtungsverfahren die Erörterung nicht öffentlich und vertraulich statt.

4 Auf der Grundlage von § 15a EGZPO sind u. a. die folgenden Landesgesetze in Kraft getreten: Bayerisches Schlichtungsgesetz, Gütestellen- und Schlichtungsgesetz NRW, Gesetz zur obligatorischen außergerichtlichen Streitschlichtung Baden-Württemberg, Gesetz zur Einführung einer obligatorischen außergerichtlichen Streitschlichtung im Land Brandenburg, Gesetz zur Regelung der außergerichtlichen Streitschlichtung Hessen

Anders aber als beim Mediationsverfahren steht am Ende des Schlichtungsverfahrens ein Schlichtungsspruch des Schlichters. Damit unterbreitet der Schlichter den Parteien im Anschluss an die Erörterung eine konkrete Empfehlung, wie sich die Parteien einigen sollen. So lautet etwa Art. 10 des Bayerischen Schlichtungsgesetzes: »*Der Schlichter erörtert mit den Parteien mündlich die Streitsache und die Konfliktlösungsvorschläge der Parteien. Auf der Grundlage der Schlichtungsverhandlung kann er den Parteien einen Vorschlag zur Konfliktbeilegung unterbreiten.*«

Diesen Schlichterspruch müssen die Parteien jedoch nicht annehmen. Die Parteien brauchen die Empfehlung des Schlichters nicht zu akzeptieren. Der Schlichterspruch hat keinerlei Bindungswirkung.

2.3 Das Schieds- bzw. Schiedsgerichtsverfahren

Eine weitere Möglichkeit zur Klärung eines Streites zwischen zwei Parteien ist das Schieds- oder Schiedsgerichtsverfahren.

Das Schiedsverfahren ist ein Verfahren vor einem nicht staatlichen Schiedsgericht. Voraussetzung ist immer eine Schiedsvereinbarung zwischen den Parteien, welche die Parteien ihrer Rechtsbeziehung zuvor für den Fall einer Streitigkeit zugrunde gelegt haben. Der Rechtsweg zu den staatlichen Zivilgerichten wird regelmäßig ausgeschlossen.

Es existieren die verschiedensten Schiedsverfahrensordnungen. So gibt es beispielsweise Schiedsverfahrensordnungen für die Bereiche des Bau- oder Handelsrechts.[5] Und auch in der Zivilprozessordnung gibt es Regelungen zu Schiedsvereinbarungen, so etwa in § 1029 ff. ZPO.

Entscheidender Unterschied des Schiedsverfahrens zum Mediations- oder Schlichtungsverfahren ist, dass der Rechtsstreit zwischen dem Schiedskläger und dem Schiedsbeklagten durch einen Schiedsspruch eines oder mehrerer Schiedsrichter beendet wird. Der Schiedsspruch tritt an die Stelle eines Urteils eines staatlichen Gerichts. Er ist für die Parteien bindend und kann für vollstreckbar erklärt werden.

2.4 Der Bürgerdialog

Neben diesen Formen der »akuten« Konfliktlösung gibt es auch Modelle, um Konflikte von vornherein zu vermeiden – Modelle also, die versuchen, präventiv zu wirken. Als einen solchen Versuch wird man auch die von der Bundesregierung ins Leben gerufenen Bürgerdialoge verstehen können. Diese Bürgerdialoge wurden von der Bundesregierung mit viel Aufwand zu den verschiedensten Themen initiiert, so u. a. zu den Themen

5 So beispielsweise die Schiedsgerichtsordnung für das Bauwesen einschließlich Anlagenbau (SGO Bau), die Schiedsgerichtsordnung der Deutschen Institution für Schiedsgerichtsbarkeit e. V. (DIS) oder die Schiedsgerichtsordnung der Internationalen Handelskammer (ICC)

»Vergessen im Internet«, «Jugend und Internet« und zum Thema »Energietechnologien für die Zukunft«.[6] Gerade der Bürgerdialog zu Energietechnologien, welcher vom Bundesministerium für Bildung und Forschung begleitet wurde, sollte dabei – nach der Vorstellung der Bundesregierung – durchaus auch für Großbauvorhaben relevant sein.

Idee dieser Bürgerdialoge ist es, direkt mit den Bürgern in einen Dialog zu treten, teilweise über das Internet, d. h. das Posting von Beiträgen auf einer von der Bundesregierung hierfür eingerichteten Internetplattform; oder aber auch konkret vor Ort in sogenannten Bürgerkonferenzen oder Bürgerwerkstätten mit Bürgern. Gesprächspartner der Bürger sind dabei ausgewählte Experten, die am Ende des Dialogs bestimmte Handlungsempfehlungen an die Bundesregierung formulieren sollen.

Während der Bürgerdialog »Vergessen im Internet« wohl dazu führte, dass Nutzer massenweise Werbeeinträge zu Viagra-Pillen und Onlinecasinos posteten und die Website darauf hin überarbeitet wurde[7], hat das Bundesministerium für Bildung und Forschung immerhin einen Abschlussbericht herausgegeben. In diesem sind die Ergebnisse des Bürgerdialogs und die erarbeiteten Handlungsempfehlungen zusammenfasst.[8] Woher die konkreten Handlungsempfehlungen kommen und wer diese erarbeitet hat, ergibt sich aus dem Bericht jedoch nicht.

Der Erfolg der Bürgerdialoge erscheint angesichts solcher Ergebnisse zweifelhaft. Ziele und Vorgehensweisen wirken unstrukturiert und vage. Sind die erarbeiteten Handlungsempfehlungen nun echte Ergebnisse eines Dialogs? Welche Relevanz haben die Ergebnisse überhaupt? Eine wirkliche Diskussion scheint jedenfalls nicht in Gang gekommen zu sein. In Teilen fehlte es offensichtlich auch am Interesse der Bevölkerung, sich an diesen Dialogen zu beteiligen.

Ob den Bürgerdialogen in Zukunft wirklich eine echte Bedeutung für die Entscheidungsfindungsprozesse der Bundesregierung zukommen kann, erscheint zweifelhaft. Wenn ein solcher Dialog funktionieren soll, muss die Bundesregierung den Bürgern nicht nur zuhören, sie muss auf die Bürger auch reagieren. Ein Dialog ist keine Einbahnstraße. Der Erfolg der Bürgerdialoge wird also in erster Linie davon abhängen, ob sich die Regierung wirklich offen zeigt, Anregungen und Stellungnahmen der Bürger auszuwerten und aufzunehmen. Ist diese Voraussetzung nicht gegeben, gerät der Bürgerdialog zur Farce.

6 Siehe: www.vergessen-im-internet.de, http://dialog-internet.de, http://www.buergerdialog-bmbf.de/energietechnologien-fuer-die-zukunft/

7 Siehe auch: Sven Becker, Regierung scheitert am Bürgerdialog, Spiegel Online, 02. September 2011

8 Bundesministerium für Bildung und Forschung, Bürgerreport, Berlin, 5./6. November 2011

2.5 Exkurs: Der Untersuchungsausschuss

Im Zusammenhang mit Großbauvorhaben fällt auch immer wieder der Begriff des parlamentarischen Untersuchungsausschusses.

Zunächst ist in diesem Zusammenhang klarzustellen, dass ein Untersuchungsausschuss kein Mittel der Streitbeilegung oder auch nur der Streitvermeidung ist. Der Untersuchungsausschuss ist vielmehr ein parlamentarisches Instrument zur Untersuchung von Sachverhalten, deren Aufklärung im öffentlichen Interesse liegt.[9] Ein Beispiel für einen solchen Untersuchungsausschuss im Zusammenhang mit Großbauvorhaben ist etwa der Untersuchungsausschuss, der das Vorgehen der Polizei am 30. September 2010 bei den Demonstrationen gegen Stuttgart 21 zum Gegenstand hatte.[10]

Durch den Untersuchungsausschuss erhält ein Parlament, sei es ein Landesparlament oder der Bundestag, die Möglichkeit, unabhängig und selbstständig Sachverhalte zu prüfen, die es in Erfüllung ihres Verfassungsauftrages als Vertretung des Volkes für aufklärungsbedürftig hält, und auf Missstände hinzuweisen. Solche Sachverhalte betreffen häufig Vorgänge, die in den Verantwortungsbereich der Regierung fallen. Der Untersuchungsausschuss dient damit der Wahrnehmung der parlamentarischen Kontrolle.

3. Vergleichsverfahren in der Praxis

Großbauvorhaben, bei denen in der Vergangenheit versucht wurde, Konflikte mit Gemeinden, Bürgerinitiativen und Verbänden im Rahmen von «informellen Verfahren« vor oder während der Realisierungsphase zu lösen, gibt es viele.

Nachfolgend werden zwei Beispiele herausgegriffen, an denen der Erfolg oder Misserfolg derartiger Verfahren dargestellt werden soll: der Streit um die Erweiterung des Flughafens Frankfurt am Main und der Konflikt um Stuttgart 21.

Beispiel Flughafen Frankfurt am Main

Das Mediationsverfahren im Zusammenhang mit der Entwicklung des Flughafens Frankfurt am Main in der Zeit von 1998 bis 2000 war sicherlich eines der größten Mediationsverfahren überhaupt.

Maßgeblicher Grund für die Initiierung dieses Mediationsverfahrens war, dass in den 80er-Jahren ein extrem gewaltsamer Konflikt um die Startbahn West ausgetragen wurde.

9 Zum Begriff des Untersuchungsausschusses nach Art. 44 GG siehe auch: Grote, Georgii, Wissenschaftliche Dienste des Deutschen Bundestages, Nr. 13/06, «Der aktuelle Begriff«, 14. März 2006

10 Landtag von Baden-Württemberg, Bericht und Beschlussempfehlung des Untersuchungsausschusses »Aufarbeitung des Polizeieinsatzes am 30. September 2010 im Stuttgarter Schlossgarten«, Drucksache 14/7080 vom 02. Februar 2011

Ein Konflikt, in dem schließlich 1987 während eines nächtlichen Zusammenstoßes von Demonstranten und Polizisten zwei Polizisten am Sperrzaun der Startbahn erschossen wurden.

Als 1997 erneut die Frage des Ausbaus des Flughafens Frankfurt zur Debatte stand, standen sich Gegner und Befürworter des Ausbaus des Flughafens wieder gegenüber und wieder drohte eine Eskalation. Auf Betreiben der Landesregierung wurde schließlich ein Gesprächskreis ins Leben gerufen, der die Durchführung eines Mediationsverfahrens festlegte und Bürgerinitiativen, Umweltverbände, Städte und Gemeinden, die Flugbetreibergesellschaft Fraport und die Lufthansa zur Teilnahme einlud. Ziel des Mediationsverfahrens war es, ergebnisoffen die Frage zu klären, unter welchen Voraussetzungen der Flughafen Frankfurt ausgebaut werden kann.

Die Mediationsgruppe entwarf dann für das Frankfurter Verfahren verschiedene Szenarien, die vom Ausbau mit voller Kapazität über den Ausbau mit beschränkter Kapazität bis hin zu dem Szenario »kein Ausbau« reichten. Dabei wurde die Gruppe fachlich von zahlreichen Gutachtern unterstützt, die von der Mediatorengruppe beauftragt wurden.

Das Mediationsverfahren schloss mit einem 192-seitigen Endbericht ab, der eine Empfehlung für einen beschränkten Ausbau aussprach. Dieses Ergebnis stellte einen Kompromiss dar, der, zumindest nach außen, einstimmig vertreten wurde. Allerdings finden sich in den Protokollnotizen zahlreiche Hinweise darauf, dass verschiedene Teilnehmer ihre Ablehnung zu bestimmten Teilen des Paketes erklärten. Die Politik übernahm den erarbeiteten Kompromissvorschlag zunächst dennoch. In einer Mehrheitsentscheidung im Hessischen Landtag wurde der Vorschlag gegen die Stimmen der Grünen angenommen. Die Regierung erklärte, sich an die Ergebnisse des informellen Verfahrens zu halten.

Einordnung des Verfahrens

Bei dem zur Erweiterung des Flughafens Frankfurt/Main durchgeführten Mediationsverfahren handelt es sich nicht um ein Verfahren im Sinne einer idealen Mediation. Wie dargelegt, geht die Mediation grundsätzlich von einem weitgehend selbstbestimmten Findungs- und Organisationsprozess aus. Im Fall des Frankfurter Flughafens haben jedoch nicht die Betroffenen selbst den Wunsch nach einem Vermittlungsverfahren vorgebracht, sondern die politische Exekutive hat den Konfliktparteien diesen Vorschlag unterbreitet. Sodann wurden nicht alle Konfliktparteien an der Vorbereitung des Mediationsverfahrens beteiligt. Umweltverbände und Bürgerinitiativen hatten auf die Gestaltung des Mediationsverfahrens keinen Einfluss.[11]

Allerdings dürfte es praktisch auch schlicht nicht durchführbar sein, alle Beteiligten und Betroffenen bereits bei der Gestaltung des Mediationsverfahrens einzubeziehen.

11 Siehe Anna Geis: Die Frankfurter Flughafen-Mediation, HSFK-Report 13/2003, S. 5 f.

Zum einen sind Mediationsverfahren, gerade von Großbauvorhaben, in einen politischen Kontext eingebunden und müssen daher politisch gesteuert werden. Darüber hinaus geht die für die reine Mediation vorgesehene selbstbestimmte Vorbereitung jedenfalls für Großbauvorhaben an der politischen Realität vorbei. Die Initiierung des Verfahrens, die Identifizierung und Repräsentation von Betroffenen sowie die Formulierung von Problemdefinitionen werden sich die staatlichen Akteure nicht aus der Hand nehmen lassen. Die Mediation selbst ist kein Instrument zur Veränderung von sozialen Machtungleichgewichten.

Bewertung

Trotz aller Kritik wird man das Mediationsverfahren zur Erweiterung des Flughafens Frankfurt/Main dennoch als erfolgreich beschreiben können. Seine Auswirkungen lassen sich wie folgt zusammenfassen[12]:

Frühzeitige Politisierung

Mit dem Mediationsverfahren wurde die Flughafenerweiterung in erster Linie nicht als fertige Infrastrukturmaßnahme definiert, sondern als politisches Problem. Durch das Mediationsverfahren wurde das Planungsverfahren frühzeitig öffentlich bekannt gemacht mit der Folge, dass alle betroffenen und interessierten Personen, Gemeinden und Verbände von den Planungsaktivitäten Kenntnis erlangten und sich rechtzeitig formieren und informieren konnten.

Rationalisierung der Debatte und des Protests

Das Mediationsverfahren bewirkte, dass die Debatte um die Flughafenerweiterung strukturiert geführt wurde. Das Mediationsverfahren führte damit zu einer Zivilisierung der Konfliktaustragung. Die Streitigkeiten wurden argumentativ geklärt.

Zudem wurde durch die Mediation ein großes Reservoir an Wissen produziert. Etliche Gutachten wurden in Auftrag gegeben. Dabei diente dieses Wissen durchaus nicht nur der Verwirklichung des Projektes, vielmehr konnten auch die Ausbaugegner aus diesem Wissen schöpfen. Letztlich wurde es dadurch allen Beteiligten ermöglicht, ihre Interessen und Positionen im Einzelnen zu entdecken und zu prüfen. Und gerade die Entdeckung der eigenen Betroffenheit ist sicherlich eine der bedeutendsten Auswirkungen des Mediationsverfahrens überhaupt.

12 Zu den Einzelheiten siehe Anna Geis: Die Frankfurter Flughafen-Mediation, HSFK-Report 13/2003, S. 19 ff.

Institutionalisierung von Akteursbeziehungen

Das Mediationsverfahren führte dazu, dass sich die Beziehungen der beteiligten Akteure untereinander institutionalisierten. Und sogar unter Nichtunternehmern kam es zu vielfältigen Vernetzungsschüben. Durch eine intensive fachliche und juristische Vorbereitung verbesserten zahlreiche Kommunen ihre Koordination untereinander. Das juristische Vorgehen wurde effektiver aufeinander abgestimmt und gemeinsam wurden notwendige Expertisen erarbeitet.

Die rechtliche Unverbindlichkeit von Mediationsergebnissen

Auf der Minusseite des Mediationsverfahrens ist aber auch festzuhalten, dass ein Mediationsverfahren immer unverbindlich ist. Mediationsverfahren können nicht die vom Verwaltungsrecht vorgesehenen Verwaltungsverfahren ersetzen. Allerdings kann die Regierung erklären, sich im Rahmen ihrer Zuständigkeiten an die Ergebnisse des Mediationsverfahrens zu halten. Der förmliche Rechtsschutz kann durch eine solche politische Entscheidung jedoch nicht ausgehebelt werden.

Beispiel Stuttgart 21

Wohl kein Konflikt hat die Diskussionen um die Realisierung von Großbauvorhaben in den letzten Jahren so geprägt, wie der Konflikt um Stuttgart 21. Die Demonstrationen gegen Stuttgart 21, der Einsatz der Polizei, die Rolle der Politik und schließlich die Durchführung und die Ergebnisse des Schlichtungsverfahrens bestimmten über Monate die Berichterstattung in den Medien.

Die Ausgangslage des Konfliktes um Stuttgart 21 war eine grundlegend andere als die vorstehend beschriebene bei der Erweiterung des Flughafens in Frankfurt. Anders als in Frankfurt gab es in Stuttgart kein Verfahren zur Klärung der Voraussetzungen für die Errichtung des Bauvorhabens vor Beginn der Bauarbeiten. Ein Bürgerbegehren gegen das Bauvorhaben war bereits im Jahr 2007 als rechtlich unzulässig abgelehnt worden. Daraufhin fanden seit November 2009 regelmäßig die sogenannten « Montagsdemonstrationen« statt, auf denen die Demonstranten u. a. einen Baustopp forderten. Die Landesregierung lehnte Gespräche mit den Interessengruppen und einen Baustopp unter Verweis auf die mit der Bahn abgeschlossenen Verträge und die durchgeführten Verwaltungsverfahren ab. Am 30. September 2010 eskalierte der Konflikt. Bei einer Demonstration ging die Polizei mit Wasserwerfern gegen die Demonstraten vor. Einige Demonstranten wurden schwer verletzt.

Erst in Folge dieser Eskalation lenkte die Landesregierung teilweise ein. Unter der Leitung von Heiner Geißler fand zwischen den Interessengruppen, Vertretern der Bahn und der Landesregierung ein Schlichtungsverfahren statt, welches live im Fernsehen, Radio und

Internet übertragen wurde. Unterstützt wurde das Schlichtungsverfahren von einer Reihe von Fachleuten (u. a. Geologen, Eisenbahnbetriebler, Ingenieure, Architekten), die von den Schlichtungsteilnehmern zur Untermauerung ihrer Argumente angerufen werden konnten.

Einordnung des Verfahrens

Wenn man die unter Ziffer **2.1 und 2.2.** dargestellten Grundsätze zur Mediation und zu Schlichtungsverfahren auf das Gesprächsverfahren Stuttgart 21 anwendet, kommt man ohne Weiteres zu dem Ergebnis, dass auch dieses Verfahren weder Schlichtung noch Mediation im eigentlichen Sinne war.

Zum einen muss bezweifelt werden, dass Heiner Geißler ein sachlich neutraler Vermittler war. Im Vorfeld der Gespräche erklärte er, dass »die Zeit der Basta-Entscheidungen vorbei sei«. Dass er dennoch von beiden Seiten akzeptiert wurde, lag wohl auch weniger an seiner Neutralität als vielmehr an seiner »Allparteilichkeit« als Mitglied der CDU und von Attac.[13]

Zudem wurde das Verfahren im Internet und im Fernsehen öffentlich übertragen. Von Vertraulichkeit kann also keine Rede sein. Die Durchführung eines solchen Verfahrens vor einer breiten Öffentlichkeit ist sicherlich ein Novum, das bei dem vorgenannten Mediationsverfahren in Frankfurt/Main nicht zu finden war.

Bewertung

Unabhängig von der korrekten Einordnung des Verfahrens ist klar festzustellen, dass in Stuttgart die Streitbeilegung zu einem Zeitpunkt stattfand, als die Entscheidung über die Durchführung des Bahnhofsumbaus bereits getroffen war. Die rechtsstaatlich vorgesehenen Verwaltungsverfahren waren abgeschlossen. Der Bau hatte bereits begonnen.

Anders als in Frankfurt am Main konnten daher die im Mediationsverfahren gefundenen Einigungsergebnisse nicht in das Entscheidungsverfahren über die Realisierung des Projektes einbezogen werden. Und auch wesentliche Änderungen an dem Bauvorhaben wären wohl nicht ohne Weiteres möglich gewesen. Diese hätten zu einer Neuauflage des Planfeststellungsverfahrens geführt mit völlig unklaren Folgen für das Projekt und dessen Realisierung.

Darüber hinaus wurde in Stuttgart die öffentliche Debatte von Seiten der Politik nicht proaktiv angegangen. Als das »Schlichtungsverfahren« begonnen wurde, war die Eskalation bereits eingetreten. Damit wurde das, was in Frankfurt erfolgreich war, d. h. eine frühe Politisierung des Themas und eine Rationalisierung der Debatte, in Stuttgart

13 Siehe Dr. Armin Hutner: Schlichtung bei Stuttgart 21 – Kein Prototyp für Bürgerbeteiligung, 22. Oktober 2010, http://www.lto.de/recht/hintergruende/h/schlichtung-bei-stuttgart-21-kein-prototyp-fuer-buergerbeteiligung/, Zugriff: 30. November 2012

versäumt. Folge war, dass eine umfassende politische Debatte unter Einbindung der betroffenen Interessengruppen nicht zustande kam und die Chance für eine demokratische Willensbildung vertan wurde.

5. Zusammenfassung

Letztlich zeigen die Konflikte um Großbauvorhaben eindrücklich, dass die vom Rechtsstaat vorgesehenen Verwaltungsverfahren eben nicht in allen Fällen geeignet sind, Lösungen zu finden, die von der überwiegenden Mehrheit der Bürger mitgetragen werden. Zwar kann jeder Bürger formell seine Rechte wahrnehmen. Er wird rechtlich gehört. Der grundgesetzlich geschützte Rahmen bleibt gewahrt. Ein ordnungsgemäß durchgeführtes Verwaltungsverfahren bietet aber keine Gewähr dafür, dass in der Gesellschaft ein öffentlicher Diskurs darüber stattfindet, ob das Projekt sinnhaft und gesellschaftlich gewollt ist.

Die nunmehr schon seit geraumer Zeit geführte Debatte über das richtige Verfahren zur Planung und Verwirklichung von Großbauvorhaben ist sicherlich noch nicht am Ende angelangt und der Konflikt um Stuttgart 21 war zweifelsohne nicht der letzte dieser Art. Dennoch lehren die Erfahrungen aus den in der Vergangenheit durchgeführten Schlichtungs- und Mediationsmodellen, dass eine frühzeitige Politisierung der Diskussion über die Realisierung eines Großbauvorhabens in einem geordneten Rahmen und eine proaktive Steuerung des gesellschaftlichen Willensbildungsprozesses durch die Politik das Potenzial für Konflikte reduzieren kann.

2.3 Bürger im Dialog. Zur konstruktiven Gestaltung von Dialog-Prozessen

Prof. Dr. Kristina Sinemus, Quadriga Hochschule

»Die höchste Form der Kommunikation ist der Dialog.«
(August Everding, Europäisches Forum, 1992)

Kommunikation ist nach Niklas Luhmann ein Grundbedürfnis des Menschen, ohne sie würden wir nicht leben. Ein Großteil der Kommunikation besteht aber aus Missverständnissen. So muss der Dialog als gesellschaftlicher Verständigungsprozess über Problem- und Konfliktfelder besonderen Ansprüchen genügen. Denn das Wesen des Dialoges ist es, über den reinen Informationsaustausch hinauszugehen; neben dem reinen Dekodieren von Sprache zwischen A und B gilt es, vor allem zuzuhören und mit seinem Gegenüber einen respektvollen Austausch von Argumenten auf Augenhöhe zu pflegen. Welche aktuellen gesellschaftlichen Bedarfe hier berücksichtigt werden müssen und warum und wie der Bürger in politische Entscheidungen involviert werden kann, soll im Weiteren beleuchtet werden.

1. Beteiligungsbedarf heute

Ob Stuttgart 21, Finanzkrise, Bildungsstreik oder Flughafenausbau – die letzten Jahre haben verstärkt Menschen auf die Straße gebracht, die lautstark ihren Unmut äußern und an politischen Entscheidungsprozessen beteiligt werden wollen. Ob die Bezeichnung »Wutbürger«, vom Spiegel so betitelt und 2010 zum Wort des Jahres gewählt, das Phänomen allumfassend trifft, sei dahingestellt. Feststeht: Er ist gut gebildet, älter und fordert nun die Vertretung seiner Interessen gegenüber einer politischen Elite ein, der er nicht mehr traut. Es geht ihm nicht um die Armut der Welt oder den Klimawandel, sondern um Fluglärm, erhöhte Mietspiegel oder Großbauvorhaben wie Stuttgart 21 – Themen, die ihn direkt betreffen. »Not in my backyard« – »Nicht vor meiner Haustür« als Motto einer neuen Form des Protests? Einiges deutet darauf hin: Über 90 Prozent der Protestierenden gegen den Flughafen Berlin Brandenburg zum Beispiel sind nach einer Studie des Göttinger Instituts für Demokratieforschung Grundstückseigentümer und Hausbesitzer, die sich um den eigenen Wohlstand sorgen. Der überwiegende Teil der Stuttgart-21-Demonstranten fühlt sich zudem, und das ist eine weitere populäre Erklärung des Phänomens Bürgerprotest der letzten Jahre, von den Entscheidungsträgern um Stuttgart 21 und generell von Politik und Wirtschaft übergangen. So sind weitere 50 Prozent mit der demokratischen Situation im Land unzufrieden und 90 Prozent fordern den Ausbau direktdemokratischer Elemente (vgl. Göttinger Institut für Demokratieforschung 2011a/b/c).

1.1 Einordnung in den demokratietheoretischen Kontext

Aus Sicht der Wissenschaft sind Proteste, Initiativen und soziale Bewegungen über den reinen Wahlakt hinaus Ausdruck eines verstärkten Willens zur Partizipation, welcher vor allem in gut gebildeten Schichten zu beobachten ist. Dieser wird als Teil einer Entwicklung seit den 1960er-Jahren gesehen, die als »partizipatorische Revolution« (Max Kaase 1982) bezeichnet wird.

Hinzu kommt, dass sich viele Bürger schon seit Langem durch die deutschen Entscheidungsträger nicht mehr ausreichend repräsentiert fühlen. Laut Umfrage des Forsa-Instituts antworten 35 Prozent der Befragten 2011 spontan und ohne vorherige Antwortvorgabe auf die Frage, was das größte Problem des Landes sei, mit »Unzufriedenheit über Politiker und Parteien« – so viele wie nie zuvor. 83 Prozent bemängeln, die Politik sei »sprunghaft und unberechenbar« und würde keine »klare Linie verfolgen« (Stern.de, 04. Mai 2011). Eine Ursache: Die »Entdemokratisierung in der Postdemokratie« (Colin Crouch 2009, Fritz W. Scharpf 2008), ein durch Globalisierung bedingter Souveränitätsverlust staatlicher Politik zugunsten starker multilateraler Institutionen auf globaler Ebene, einhergehend mit wachsenden staatlichen Defiziten in den lokalen und nationalen Haushalten. Die Folge: Bürger zweifeln an der Problemlösungsfähigkeit der Politik und verlieren das Vertrauen in die politischen Institutionen.

Zudem findet eine zunehmende »kognitive Mobilisierung« (Dalton 2006) statt: Durch die Neuen Medien stehen Informationen in einem vorher nicht dagewesenen Maße zur Verfügung. Diese werden zunehmend kompetent genutzt, um politische Themen zu rezipieren. Hinzukommt ein gesellschaftlicher Wertewandel (Ronald Inglehart 1998) weg von materiellen Wertorientierungen (Sicherheit, Befriedigung von Grundbedürfnissen) hin zu postmateriellen Wertorientierungen (Selbstverwirklichung, soziale Anerkennung). Auch die Erfolge der Piratenpartei müssen als ein Indikator für eine stärker werdende Forderung nach einer neuen, bürgernahen politischen Kultur gewertet werden, welche u. a. durch neue, onlinebasierte Verfahren Verwirklichung sucht.

Nur über breite Bürgerbeteiligung können politische Eliten ihre »Responsivität«, also ihre Zugänglichkeit für die Präferenzen der Bürger herstellen. Diese steigert wiederum die »Legitimität«, d. h. den Glauben an bzw. das Vertrauen in die Rechtmäßigkeit politischer Herrschaft. Die weltweiten Reaktionen auf die Finanzkrise können hier als Beispiel dienen. Diese stehen in Zusammenhang mit der sogenannten »Legitimitätskrise«: So bemängeln Demonstranten im Kern die übermäßige Macht der Finanzmärkte und die Ohnmacht der Politik.

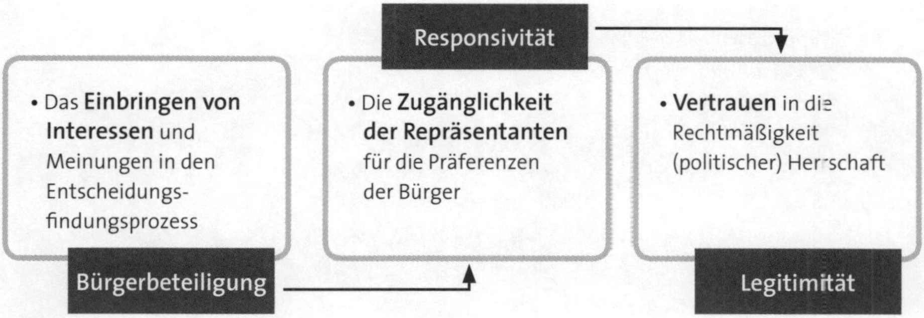

Abb. 1: Bürgerbeteiligung generiert Vertrauen

Wie können Bürger in ihrem Streben nach Partizipation abgeholt werden und was muss sich ändern, um eine politische Kultur zu schaffen, die integrativ wirkt, das Vertrauen der Bürger zurückgewinnt und zugleich die effiziente Planung und Durchführung von Projekten nicht gefährdet?

2. Konstruktive Gestaltung formeller und informeller Partizipation

Partizipation oder Beteiligung ist die Einbeziehung oder die Einflussnahme von Bürgern und Betroffenen in/an Prozesse/-n der Entscheidungsfindung. Hauptfunktion ist die Artikulation von Bedürfnissen und Wünschen als Rückmeldung an das (politische) System (vgl. Easton 1965). Dabei ist Partizipation ein Bottom-up-Prozess, welcher Präferenzen von der Basis her artikuliert, statt der Verordnung von Veränderungen ohne Einbezug der vom Entscheid betroffenen Akteure (Top-down).

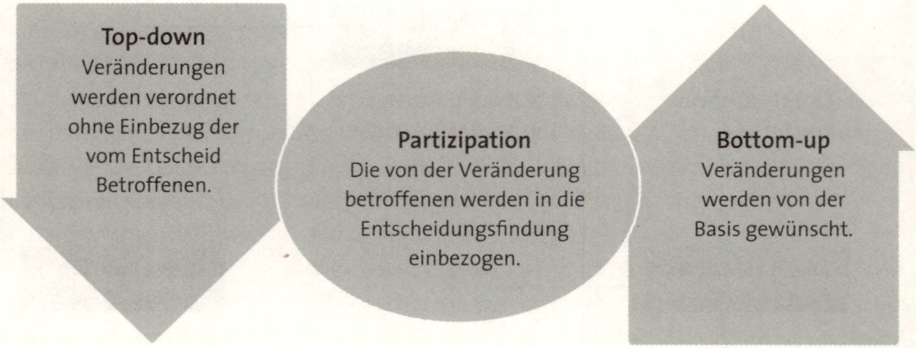

Abb. 2: Partizipation als Bottom-up-Prozess

2.1 Anforderungen an einen erfolgreichen Dialog

Eines der wichtigsten Qualitätsmerkmale von Partizipation sind die wahrgenommenen Einflussmöglichkeiten der Teilnehmer. Diese stehen in einem engen Zusammenhang mit der Ergebnisoffenheit von Dialog-Prozessen. Diese trägt entscheidend zum Gelingen bei. Der Grad der Ergebnisoffenheit von Dialog-Prozessen muss deshalb stets transparent kommuniziert werden. Denn es wird künftig darum gehen, die Rahmenbedingungen von Dialogen so zu gestalten, dass in einem konstruktiven Kommunizieren miteinander Positionen sachgerecht dargestellt werden. Dabei wird es nicht immer darum gehen können, den Konsens eines Problem- oder Konfliktfeldes zu finden, sondern auch die alleinige Eruierung von Dissensfeldern kann bereits ein Erfolg sein. Gleich welches Format schließlich als Dialogansatz gewählt wird, sollten folgende dialogischen Prinzipien berücksichtigt werden:

- Respektvoller Umgang miteinander
- Diskussion auf Augenhöhe, nicht hierarchisch
- Größtmögliche Transparenz
- So ergebnisoffen wie möglich
- Einbindung in den Entscheidungsprozess VOR der Entscheidung
- Sachgerechte Lösungsorientierung

2.2 Formelle und informelle Partizipation

Partizipation kann formell geregelt sein, wie der Wahlakt oder die Bürgerbeteiligung im Rahmen von Planfeststellungsverfahren, oder sie findet informell statt.

2.2.1 Formelle Partizipation

Spätestens seit Stuttgart 21 zeigt sich eine stärker werdende Forderung nach mehr Beteiligung im Bereich der Planung von Groß- oder Infrastrukturprojekten wie der Bau von z. B. Geothermie- und Windkraftanlagen oder Flughäfenausbauten. Der im Rahmen eines solchen Vorhabens durchzuführende Verwaltungsakt ist das Planfeststellungsverfahren, das u. a. beim Bau von Bundesstraßen oder Autobahnen, Luftverkehrsanlagen, Deponien oder Eisenbahnverkehrsanlagen greift. Eine Beteiligung derjenigen Bürger wird hier festgeschrieben, deren Belange durch das Vorhaben berührt werden. Hierfür ist ein Erörterungstermin Pflicht, zu welchem zuvor eingereichte Einwendungen der Bürger und Behörden diskutiert werden. Ziel ist es, die Feststellungsbehörde in die Lage zu versetzen, die betroffenen Belange zu erkennen und sachgerecht zu bewerten.

Eine Möglichkeit, die Einflussnahmen im formalen Prozess der Planfeststellung zu ändern, wäre, die Forderungen von Bürgern nach mehr Transparenz und Mitbestimmung aufzunehmen und damit nicht nur den Bürgern, sondern auch vielen Entscheidungsträgern gerecht zu werden, die eine Neugestaltung des Verfahrens als unerlässlich ansehen. So forderte der ehemalige Ministerpräsident des Landes Baden-Württemberg, Stefan Mappus, als Konsequenz aus den Ereignissen um Stuttgart 21: »Meine Lehre heißt, Großprojekte muss man künftig anders angehen, in Stufen. Und auf jeder Stufe muss es mehr Bürgerbeteiligung als jetzt geben« (Stern.de am 08. Oktober 2010). Ziel ist es, die Effizienz zu erhöhen, Verzögerungen und Aggressionen zu vermeiden und die Akzeptanz durch Transparenz zu steigern: »Stuttgart 21 ist überall, das muss auch die Industrie erkennen, wenn sie künftig Flughäfen, Kraftwerke, Fabriken und Hochspannungsleitungen bauen und nicht mitten in der Umsetzungsphase am Widerstand der Bürger scheitern will« (Interview mit Handelsblatt, CDU.de am 26. November 2010).

Das aktuell anzuwendende Verfahren steht aus mehreren Gründen in der Kritik: Erstens steht der Zeitpunkt zur Diskussion. Eine Beteiligung der Bürger soll schon während oder nach der Planungsphase, aber definitiv vor der Entscheidungsphase stattfinden. Zweitens muss festgestellt werden, dass der bisherige Erörterungstermin die vorgesehene Befriedungsfunktion nicht erfüllen kann. Die dort stattfindenden Diskussionen der Vor- und Nachteile werden als voreingenommen wahrgenommen, als Pflicht der Behörden und Abarbeitung von Einwänden. Zu diesem Zeitpunkt wird das Projekt von den Bürgern als längst abgestimmt betrachtet und die Ergebnisoffenheit angezweifelt. Nicht selten umfassen die Planungsunterlagen zudem mehrere Meter Ordner. Diese sind für Laien nicht durchschaubar. Hier ist eine Auf- und Vorbereitung nötig sowie eine bürgerschaftliche Begleitung des Gesamtprozesses. Nur so können eine sachgerechte Beteiligung möglich gemacht, Kosten gesenkt und Planungsänderungen im Nachlauf des Prozesses vermieden werden.

Auch Neuerungen des Internets müssen verstärkt mitgedacht werden. So sollten z. B. internetbasierte Dialoginstrumente und Formen der Informationsbereitstellung zur Transparentmachung von Prozessen im Rahmen zum Beispiel des Planfeststellungsverfahrens genutzt werden. All dies kann Politik und Wirtschaft helfen, früh die Interessen und Bedenken der Bürger einzuschätzen und diese gegebenenfalls in den Planungsprozess zu integrieren. Dies würde gleichzeitig helfen, den Bürgerwunsch nach mehr Transparenz und Teilhabe am politischen Entscheidungsfindungsprozess zu befriedigen.

2.2.2 Beispiel Planfeststellungsverfahren und Schlichtung Stuttgart 21

Das Beispiel Stuttgart 21 zeigt exemplarisch die oben aufgeführten Mängel des Planfeststellungsverfahrens auf. Der Ablauf des Projekts erstreckte sich über folgende Phasen: Fachplanung, vorgelagerte Gesamtplanung, Planfeststellung und eine so benannte »Schlichtung«. Auf diese folgte, initiiert durch den neu gewählten, grünen Stuttgarter Ministerpräsidenten Winfried Kretschmann ein Volksentscheid. Eine Mehrheit der Bürger Baden-Württembergs sprach sich letztlich für das Projekt Stuttgart 21 aus. Die gesamte Bauphase wird aktuell mit Dialogveranstaltungen begleitet, die informieren und kleine Entscheidungsspielräume zulassen. So wurde zum Beispiel über die Möglichkeiten der Versetzung der Bäume im Schlossgarten diskutiert (http://www.buergerforum-s21.de/).

Vor allem Intransparenz der Projektplanung und -durchführung führte zu einem Aufbegehren der Stuttgarter Bürger, welches letztlich zwar nicht auf eine Verhinderung des Projekts hinauslief, aber die politische Elite, allen voran Ministerpräsidenten Stefan Mappus abstrafte. So wäre der grüne Wahlerfolg bei den Landtagswahlen 2011 ohne das Thema Stuttgart 21 nicht so deutlich zugunsten der Grünen ausgefallen. Noch vor seinem Ausscheiden forderte Stefan Mappus im Handelsblatt am 26. November 2010, »das, was wir jetzt mit der Schlichtung durchgeführt haben, künftig – wesentlich früher nach der Planungsphase und vor der Entscheidungsphase« als festen »Verfahrensschritt« einzuführen. Dies wirft die Frage auf, was hier mit »Schlichtung« gemeint ist und ob diese tatsächlich eine Schlichtung im eigentlichen Sinn war.

Eine Mediation oder Schlichtung definiert das Wirtschaftslexikon Gabler (Eintrag Mediation/Schlichtung: http://wirtschaftslexikon.gabler.de) wie folgt:

> *»Mediation ist eine außergerichtliche Form der Konfliktbearbeitung, bei der eine neutrale Vermittlungsperson (Mediator/Mediatorin) die Parteien bei der Entwicklung einer Lösung unterstützt. Auf freiwilliger Basis und unter Berücksichtigung der Interessen aller Konfliktparteien wird eine problemspezifische Lösung durch Konsensfindung angestrebt. Der Mediator führt durch den Prozess, er ist jedoch nicht auf inhaltlicher Ebene beteiligt. Die inhaltliche Lösungsfindung liegt allein bei den Konfliktparteien,«*

Mehrere Punkte sprechen dafür, dass die Rahmenbedingungen der »Schlichtung« um Stuttgart 21 keine »Entwicklung einer Lösung [...] unter Berücksichtigung der Interessen aller Konfliktparteien [...] durch Konsensfindung« war: Schon das Planfeststellungsverfahren von Stuttgart 21 fand zu einem Zeitpunkt statt, der keine echte Einflussnahme mehr zuließ – erst recht aber die unter Mediator Heiner Geißler geführte »Schlichtung«. Allein die rechtliche Lage, aufgrund bereits unterzeichneter Verpflichtungen im Rahmen des Bauprojekts, ließ einen nur sehr geringen Spielraum zu. Die Fronten waren zudem so sehr verhärtet, dass schon zuvor klar war, dass ein Schlichterspruch zwar kleine Eingeständnisse hervorbringen konnte (so wurde zum Beispiel ein »Stresstest« veranlasst, die neu entstandenen freien Flächen wurden in eine Stiftung überführt und einige Bäume wurden verpflanzt) – eine generelle Einigung konnte jedoch nicht erwartet werden. So schrieb die Süddeutsche Zeitung am 22. November 2010:

> *»Sie nehmen an einer Schlichtung ohne Aussicht auf Einigung teil. Dazu sind Befürworter und Gegner in grundsätzlichen Fragen, wie etwa der Notwendigkeit eines neuen Bahnhofs, zu weit voneinander entfernt. Statt an einem Schlichterspruch interessiert zu sein, scheinen die Kritiker die Bühne für eine Abrechnung mit den Projektbetreibern nutzen zu wollen«.*

2.3 Informelle Partizipation

Außerhalb der formell geregelten und rechtlich vorgesehenen Teilhabe im Rahmen von Planfeststellungsverfahren ist vor allem ein verstärktes Auftreten verschiedener Formen informeller Partizipation zu beobachten. Informelle Partizipation ist per Definition nicht an formale Regeln gebunden. Alle Formen nicht geregelter Partizipation von Protest, über Initiativen, Versammlungen, aber auch Formen der E-Partizipation in Foren, Blogs, »Flashmobs« bis hin zu illegaler Partizipation durch Hausbesetzung etc., welche alle zum Ziel haben, den politischen Entscheidungsfindungsprozess zu beeinflussen, können hier subsummiert werden.

2.3.1 Überblick: Einige informelle Methoden

Im Folgenden soll ein Überblick über eine kleine Auswahl von informellen Methoden und Formate gegeben werden, welche einen konstruktiven Dialog befördern können: Ob Bürgerforum, Konsensus- oder Zukunftskonferenz, gemeinsam haben diese Methoden des Dialogs, dass sie verschiedene Interessengruppen in einen intensiven Dialog bringen. Das **Bürgerforum** kann auch für größere Teilnehmerzahlen zur Verwendung kommen und wurde aktuell zum Beispiel im Rahmen des Bürgerhaushalts der Stadt Frankfurt genutzt. In einer ersten Onlinephase konnten Frankfurter Bürger Spar- und Ausgabevorschläge für den Frankfurter Bürgerhaushalt erstellen, öffentlich diskutieren und bewerten. Teilnehmer der Onlineplattform konnten angeben, ob sie dann auch am Bürgerforum teilnehmen wollen. Weiterhin wurde großflächig zur Teilnahme am Bürgerhaushalt, u. a. mit Informationsständen, geworben. Auch postalisch konnte man sich bewerben. Anschließend wurden repräsentativ, was Alter und Geschlecht betrifft, 300 Teilnehmer eingeladen, von denen 103 zugesagt haben und nahezu alle schließlich erschienen sind, um die zu 100 Vorschlägen geclusterten Beiträge der Onlinephase zu diskutieren, priorisieren und an den Haushalt weiterzugeben. Rückblickend wurde das am 24. März 2012 durchgeführte Bürgerforum sowohl von Politik und Verwaltung als auch von den beteiligten Bürgern als Erfolg gewertet. Die Diskussion der Bürger untereinander und mit den Vertretern aus der Verwaltung in den Kleingruppen verlief konstruktiv. Sowohl Bürger als auch Verwaltung zeigten sich offen, von dem jeweils anderen zu lernen und das Gegenüber besser zu verstehen (mehr Informationen unter www.ffm.de).

Bürgerforum

Ziel
Meinungsbildung und Meinungsaustausch als Entscheidungshilfe für Verwaltung und Politik

Ablauf
Onlineplattform zur Erarbeitung von Vorschlägen, Bürgerdiskussion in Workshops, Unterstützung durch Externe/Verwaltung, Weitergabe des Programms an Entscheidungsträger

Beispiel Bürgerhaushalt 2013 in Frankfurt »Frankfurt fragt mich«
In Kleingruppen erarbeiteten Bürger gemeinsam mit städtischen Vertretern Vorschläge zum Haushalt der Stadt Franktfurt/Main 2013, welche dann an Politik und Verwaltung weitergeleitet wurden.

Abb. 3: Bürgerforum

Die **Zukunftskonferenz** schaut zurück und entwickelt dann gemeinsam zukünftige Ziele und Handlungsfelder, während die **Konsensuskonferenz** darauf ausgerichtet ist, Fachdiskussionen (z. B. im Bereich der Technikfolgenabschätzung) in die Laienöffentlichkeit zu transportieren. Die erste Konsensuskonferenz in Deutschland wurde zum Thema »Streitfall Gendiagnostik« im Jahr 2002 durchgeführt, gefördert durch das Bundesministerium für Forschung. 19 repräsentativ ausgewählte Bürgerinnen und Bürger sollten hier Denkanstöße für Politik, Wirtschaft und Wissenschaft liefern. Auch die Herstellung von Öffentlichkeit und die Erprobung neuer Instrumente der Partizipation und Wissensvermittlung waren Ziele der Veranstaltung (Stiftung Mitarbeit 2002).

Konsensuskonferenz

Ziel
Fachdiskussionen in die Laienöffentlichkeit transportieren.

Ablauf
Bereitstellung von Informationen für Laien, Expertenanhörung, Expertenfeedback, Abschlussbericht

Beispiel Verbraucherkonferenz Risikokommunikation
Das Bundesinstitut für Risikobewertung (BfR) brachte insgesamt 16 Verbraucherinnen zusammen, welche sich mehrwöchig mit dem Thema Nanotechnologie auseinandersetzten, um schließlich ein Votum aus Verbraucherperspektive zu Chancen und Risiken abzugeben. Das Votum wurde an Politik, Wissenschaft und Industrie weitergegeben.

Abb. 4: Konsensuskonferenz

Zukunftskonferenz

Ziel
Heterogene Teilnehmer und verschiedene Interessengruppen zusammenbringen, Fokus auf Gemeinsamkeiten in der Zukunft legen.

Ablauf
In Workshops wird kurz die Vergangenheit reflektiert, um dann nach einer Analyse der Gegenwart konkrete Maßnahmen und Entwürfe für die Zukunft zu entwickeln.

Beispiel Stadtentwicklung
In vielen Gemeinden Deutschlands erarbeiteten Vertreter der Verwaltung gemeinsam mit den verschiedenen Fraktionen der Stadtparlamente Entwürfe für eine zukünftige Stadtentwicklung.

Abb. 5: Zukunftskonferenz

Zu **runden Tischen** lädt aktuell verstärkt die Politik ein, wenn es darum geht, verschiedene Interessenvertreter in einem regelmäßigen Turnus zusammenzubringen. So gibt es zum Beispiel den runden Tisch des Bundesministeriums für wirtschaftliche Zusammenarbeit und Entwicklung (BMZ), welcher zum Thema »Desertec« Vertreter der Privatwirtschaft (Desertec Industries) mit Botschaftern der nordafrikanischen Länder zusammenbringt. Das BMZ fördert diese Zusammenarbeit im Rahmen des Ausbaus Erneuerbarer Energien. Desertec ist an stabilen politischen Rahmenbedingungen für die Durchführung ihrer Großprojekte im Bereich Photovoltaik, Windkraft und Sonnenwärmekraft in Wüsten interessiert. Die Vertreter Nordafrikas möchten Investitionen akquirieren (BMZ 27. Februar 2012).

Runder Tisch

Ziel
Verschiedene Interessengruppen regelmäßig zusammenbringen.

Ablauf
In regelmäßigen Zeitabschnitten werden Runde Tische einberufen, welche zeitlich begrenzt ein fokussiertes Thema behandeln.

Beispiel Europäische Union
Runde Tische als Informations- und Meinungsaustausch begleitend zu Ausschusssitzungen des EU-Parlaments/zur Durchsetzung von EU-Anträgen.

Abb. 6: Runder Tisch

2.3.2 Blick über den Tellerrand: Beispiel Fehmarnbelt und dänische Dialogkultur

Das Projekt Fehmarnbeltquerung ist ein übernationales, dänisch-deutsches Vorhaben, welches durch internationale Kredite finanziert (Projektvolumen: 5,5 Mrd. Euro) und durch eine dänische Staatsbürgschaft gesichert ist.

Rund um dieses Projekt wurde von allen Beteiligten von Anfang an ein Dialogansatz genutzt. Größtmögliche Transparenz durch Informationsbereitstellung in drei Sprachen, begleitet durch Informationsveranstaltungen und Dialogforen, sucht den direkten Dialog mit Kritikern zum Beispiel zu Umweltaspekten und technischen Lösungen und verschreibt sich transparenter Kommunikation z. B. von Zwischenergebnissen. Diese Maßnahmen sind zu einem großen Teil freiwillig geleistete Angebote, welche formell nicht gefordert sind. Dem Projekt kam dabei die dänische Dialogkultur zugute, die deutlich stärker konsensorientiert ist als die deutsche (Tarik Shah 2011).

3. Fazit

Die Diskussion über eine breitere Bürgerbeteiligung in verschiedenen Phasen des Planfeststellungsverfahrens kommt zu einer Zeit, in der Bürger im Rahmen einer »partizipativen Revolution« eine breitere Einflussnahme einfordern. Partizipative Methoden haben an dieser Stelle dann ein Potenzial, wenn man möglichst umfassend die Leitlinien des Dialoges berücksichtigt und dabei möglichst umfänglich die verschiedenen Interessenvertreter in ihren gesamtgesellschaftlichen Zusammenhängen miteinander ins Gespräch bringt. Dazu kann man sich einer Vielzahl von bewährten Formaten bedienen und sollte genau die auswählen, die sich in dem jeweiligen Problemfeld am besten eignen, um den Bürger so abzuholen, dass eine adäquate Entscheidung getroffen werden kann. Der Zeitpunkt der Einbindung sollte gut gewählt und die Einflussmöglichkeiten transparent kommuniziert werden. Auch das Internet als Plattform der Informationsbereitstellung und Ort des Dialogs spielt schon jetzt eine wichtige Rolle und wird in Zukunft verstärkt zu berücksichtigen sein.

Eine frühzeitige Einbindung der Bürger kann insbesondere im Rahmen von Großbauvorhaben kostenreduzierend wirken, da nachträgliche juristische Einlassungen und Bürgerproteste von vornherein reduziert werden können. Auch könnte eine breitere Nutzung von Dialogforen dazu dienen, unsere deutsche Dialogkultur konstruktiv zu reformieren. Dabei könnten die Dänen, aber auch die Niederländer eine Vorbildfunktion haben. Und schließlich kann ein Mehr an Partizipation in unserer Demokratie zu mehr Vertrauen der Bürger in die Politik führen!

»Denn das, was alle angeht, muss nach dem geistlichen und weltlichen Recht von allen gemeinsam gut geheißen werden.«
(Wilhelm Durant d. J.,1311)

2.4 Tyrannei der Masse oder Schwarmintelligenz? Politische Willensbildung in der virtuellen Welt

von Christian Scherg

SUMMARY:

Die technischen Rahmenbedingungen des Internets dynamisieren und komprimieren die klassischen Prozesse politischer Willensbildung dramatisch: Das Netz ist schnell, anonym, ubiquitär und es vergisst nichts. Die prozessualen und technisch bedingten Unterschiede haben massive Implikationen auf den etablierten Politikbetrieb: Es ist erforderlich, einerseits hierarchische Prozesse wie LiquidFeedback umzusetzen und weiterzuentwickeln und andererseits die bestehenden, kontinuierlichen und organischen Prozesse der politischen Willensbildung im Internet zu beobachten, zu evaluieren und sich für die Transferrisiken von virtueller zu analoger Welt zu wappnen.

Zwei Positionen

Am Abend des 25. März 2012 traf sich nach den Landtagswahlen im Saarland in Berlin die traditionelle »Elefantenrunde«, um das Wahlergebnis zu kommentieren. FDP-Generalsekretär Patrick Döring musste dabei erklären, dass die Liberalen den Einzug ins Saar-Parlament mit einem Stimmenanteil von 1,2 Prozent spektakulär verpasst hatten – während die Piratenpartei nicht minder spektakulär mit 7,4 Prozent in den Landtag einziehen konnte. In der Runde machte Döring eine Aussage, die man gerade im Internet noch heute mit ihm in Verbindung bringt: Das »Menschenbild der Piraten« sei »manchmal so stark von der Tyrannei der Masse geprägt, dass ich mir das als Liberaler nicht wünsche, dass dieses Politikbild sich durchsetzt.«[1]

Die Internetcommunity reagierte prompt mit einem massiven »Shitstorm«[2]: Bereits am folgenden Vormittag fand sich das Hashtag[3] #tyranneidermasse unter den Top-Ten-Themen der Mikro-Blogging-Plattform Twitter1.com. Der zentrale Vorwurf: »Für FDP-Generalsekretär Döring ist es die Tyrannei der Masse. Alle anderen nennen es Demokratie.«[1]

Sechs Wochen später, am 6. Mai 2012, hatte Günther Jauch Politiker nach den Landtagswahlen in Schleswig-Holstein zum Polittalk geladen. Erstmals in der Runde: Johannes Ponader, politischer Geschäftsführer der Piratenpartei, der während der

1 Spiegel Online: FDP-General in der Kritik. Dörings Tyrannei-Vergleich empört die Piraten 26. März 2012, http://www.spiegel.de/politik/deutschland/0,1518,823718,00.html, Zugriff: 11. Mai 2012

2 Zum Begriffsverständnis: Christian Scherg: Shitstorm. Digitale Kritik jenseits der Sachargumente, 2011, http://www.revolvermaenner.com/blog/item/shitstorm-digitale-kritik-jenseits-der-sachargumente.html, Zugriff: 11. Mai2012

3 Zum Begriffsverständnis: Twitter.com. Was sind Hashtags (»#«-Symbole), http://support.twitter.com/articles/314917-was-sind-hashtags-symbole, Zugriff:11. Mai 2012

gesamten Diskussion parallel die Twitter-Debatte zur laufenden Sendung auf seinem Smartphone verfolgte. Gegen Ende erklärte Ponader dieses unorthodoxe Verhalten: »Ich möchte mich nicht als Kopf in Talkshows setzen, sondern ich möchte Menschen eine Stimme geben. Und ich glaube, dass ich hier gleichzeitig mit dem Ohr bei der Öffentlichkeit bin, bei meinen Followern. Das ist dasselbe, was ein Piraten-Parlamentarier macht, der seine Telefonnummer im Internet hat, der per Twitter erreichbar ist, der in seinen Entscheidungen im Parlament immer Rücksprache hält und nachfragt.«[4]

Diese beiden Standpunkte offenbaren das Spektrum der politischen Willensbildung in der virtuellen Welt: Während die klassische Position die Meinungsbildung im Internet eher als Störfaktor empfindet und auf die klassischen hierarchischen Strukturen besteht, versteht sich der webaffine Politiker in erster Linie als Sprecher einer dynamischen »Schwarmintelligenz«, deren Meinung er im politischen Diskurs repräsentiert.

Meinungsbildung in der digitalen Welt

Politische Willensbildung wird – heute – allgemein als Prozess definiert, bei dem Meinungen und Wünsche des Volkes durch dazu befugte Zusammenschlüsse wie Parteien und Institutionen artikuliert und von politischen Einrichtungen wie Parlamenten aggregiert werden, um zu politischen Entscheidung zu kommen.[5] Aus dieser Position betrachtet, konstituiert sich eine Haltung, die jeder Störung dieser hierarchischen Systeme mit Skepsis gegenübertritt.

Dem entgegen steht der radikale Anspruch auf Öffentlichkeit: Habermas[6] geht dabei von einem idealtypischen Modell von Öffentlichkeit als unabhängiger Größe aus, in der alle Bürger an der Diskussion relevanter Belange teilnehmen und weitestgehend unabhängig vom Einfluss der Parteien und ihren Vertretern die öffentliche Meinung konstituieren. Diese Haltung korrespondiert bemerkenswerterweise mit dem idealistischen Grundgedanken des Internets und dem darin implizierten Wunsch nach universeller Transparenz: »Alle relevanten Informationen über Regierungen, Staat und Verwaltung würden allen Bürgern jederzeit zugänglich sein – damit würden endlich universelle Bürgerbeteiligungen und wahre Demokratie möglich werden.«[7]

4 NDR: Wahlschlacht, die Erste – Piraten entern, Liberale im Aufwind, 06. Mai 2012, http://www.ardmediathek.de/ard/servlet/content/3517136?documentId=10410648, Zugriff: 11. Mai 2012

5 Vgl. Klaus Schubert und Martina Klein zur Begriffsdefinition »Politische Willensbildung«, in: Politiklexikon, 2006

6 Der Begriff der Öffentlichkeit wird hier nach Habermas in die Diskussion eingeführt: Jürgen Habermas: Strukturwandel der Öffentlichkeit, 1979

7 Christian Scherg: Rufmord im Internet. So können sich Firmen, Institutionen und Privatpersonen wehren, 2011, S. 44

Rein pragmatisch betrachtet, ist das Internet allerdings zunächst nur ein Kanal, der beliebige Inhalte transportieren kann, und unterscheidet sich nur wenig vom berittenen Botendienst der frühen Neuzeit, von der Druckerpresse oder vom Telefon. Hinzukommen allerdings größtenteils technisch bedingte Qualitäten, die das Internet signifikant von früheren Kommunikationskanälen unterscheiden:

- Das Internet ist dynamisch: Jede Äußerung steht binnen weniger Sekunden allen anderen Internetanwendern rund um den Globus zur Verfügung. Informationen verbreiten sich in der Regel nicht über vorgezeichnete Kanäle, sondern viral bzw. organisch.
- Das Internet lässt Minderheitenmeinungen zu: Anders als auf herkömmlichen Kanälen, über die Äußerungen meist nur dann weitergegeben werden, wenn sie auch den Interessenhorizont einer größeren Masse treffen, lassen sich im Web auch Partikularinteressen kommunizieren, da die Adressaten, die dieses Interesse teilen, unmittelbar erreicht werden können.
- Das Internet vergisst nichts: Jede Äußerung im Internet wird unmittelbar gespeichert, von Suchmaschinen erfasst und indexiert. Damit sind Informationen unabhängig von ihrem Zeitstempel auch nach Jahren noch abrufbar – geordnet und gewichtet durch die Algorithmen der Suchmaschinen.
- Das Internet ist anonym: Viele Meinungen und Kommentare werden nicht unter dem Klarnamen abgegeben. Es werden Pseudonyme – sogenannte Avatare – benutzt. Dadurch sind vielfach weder Individuen noch Gruppen zweifelsfrei identifizierbar und können nicht konkret adressiert werden.
- Das Internet beschleunigt und intensiviert den öffentlichen Diskurs: Kritik im Web ist oftmals geprägt von hoher Emotionalität und drastischer Sprache, was schnell zu Missverständnissen und Eskalationen führen kann.

Gerade die Dynamisierung und Anonymisierung von Meinungsbildungsprozessen und die fast schon trivial einfache Bildung und Organisation von Initiativen, Bürgerbewegungen und Interessengruppen über soziale Netzwerke und deren rapide virale Entfaltung stellt das etablierte politische System vor neue inhaltliche, prozessuale und technische Herausforderungen.

Virale Meinungsbildung im Internet

Ein Bespiel für die virale politische Meinungsbildung im Internet ist die Plattform »4chan/b/«. Das Online-Forum »4chan«[8] wurde im Jahr 2003 gegründet und bietet derzeit 57 verschiedene Bereiche, auf denen eine Vielzahl unterschiedlicher Themen diskutiert wird: von japanischen Mangas über Automarken bis hin zu Mode und Fotografie. Von

8 www.4chan.org

besonderer Bedeutung ist hier das »Random«-Forum, dessen Mitglieder sich nach dem internen Forumskürzel »/b/«[9] selbst gern als »/b/tards« bezeichnen.

4chan/b/ gilt als Keimzelle der Gruppe »Anonymous«[10], die ihrerseits als Urheber von Onlineattacken auf MasterCard oder Visa, als Keimzelle des »Project Chanology«, einer Initiative gegen Scientology, aber auch als Auslöser von Angriffen auf private Facebook-Seiten oder die Spieleplattform »Habbo-Hotel«[11] gilt.

Dieses öffentliche Forum wird von einer enorm hohen Zahl von Anwendern aus aller Welt frequentiert. Es steht jedem Anwender frei, sich unter einem Pseudonym anzumelden oder seine Beiträge anonym zu posten. Im letzteren Fall vergibt das Forum automatisch das Pseudonym »Anonymous« – was schließlich der Anonymous-Bewegung den Namen gab.[12]

Diese Rahmenbedingungen machen 4chan/b/ zu einer Petrischale zur Beobachtung der viralen Meinungsbildung im Internet: Hier formierte sich die Onlineunterstützung des »Arabischen Frühlings«, hier fanden sich die Unterstützer von »Wikileaks« zusammen und hier erfuhr die Occupy-Bewegung erste Unterstützung.

Ausschlaggebend für positive wie auch destruktive Aktionen ist immer wieder der gleiche Vorgang: Ein Anwender stellt einen Vorschlag in den virtuellen Raum und wartet ab, wie andere reagieren. Oft sind dies auch Vorschläge, einen bestimmten Facebook-Account zu hacken und mit diffamierenden Inhalten zu überfluten. Motivation ist meist Rache oder persönliche Animosität.

Die meisten Vorschläge werden von der Community in der Regel abgelehnt – allerdings kann es auch passieren, dass eine solche Idee von anderen »/b/tards« positiv aufgenommen wird. In einem solchen Fall erfolgt die Attacke nahezu unmittelbar und ist von enormer Schlagkraft, denn die Mehrzahl der /b/tards verfügt über die erforderlichen Kenntnisse, die nötige Ausrüstung und über die nötige Zeit.

Kaum anders funktioniert die politische Meinungsbildung auf 4chan/b/: Das Forum bietet keine sichtbaren Strukturen oder Hierarchien – die überwiegende Mehrzahl der Teilnehmer agiert unter dem Standardpseudonym »Anonymous«. Ausschlaggebend für diese virale Willensbildung ist lediglich die Frage, ob ein Vorschlag die kritische Masse von Unterstützern findet. Dies ist wiederum abhängig von der »Fortpflanzungs- und

9 www.4chan.org/b/

10 Ole Reißmann et al.: Anonymous-Ursuppe 4chan. Das dunkle Herz des Internets, 26. März 2012, Spiegel Online, http://www.spiegel.de/netzwelt/web/4chan-die-ursuppe-von-anonymous-a-823255.html, Zugriff: 11. Mai 2012

11 Vanessa Grigoriadis: 4chan's Chaos Theory, Vanity Fair, April 2011, http://www.vanityfair.com/business/features/2011/04/4chan-201104, Zugriff: 09.05.2012

12 Obwohl 4chan und alle seine Unterforen in der Internetcommunity gemeinhin als einer der letzten Rückzugsräume gehandelt wird, in denen tatsächlich anonym agiert werden kann, hat die juristische Verfolgung der DDoS-Raids auf Visa und Mastercard gezeigt, dass auch diese Anonymität gebrochen werden kann. Vgl. hierzu Reißmann, Stöcker, Lischka: We are Anonymous, S. 145 ff

Widerstandsfähigkeit« einer Idee und den vielfach stark emotionalen und persönlichen Argumenten, die diese befeuern. Die kritische Instanz, die über Erfolg oder Misserfolg einer Initiative auf 4chan/b/ entscheidet, ist die Größe einer anonymen Masse, die auf individuelle Stimuli reagiert – der sogenannte »Hive-Mind« oder die »Schwarm-intelligenz«.

Lernfähige Schwarmintelligenz

Dass dieser Schwarm nicht statisch agiert, sondern sich permanent in Bewegung befindet und in der Lage ist, sich weiterzuentwickeln, sich kritisch zu reflektieren und zu lernen, zeigt das Beispiel »Kony 2012«.

Am 5. März 2012 stellte die Organisation »Invisible Children«[13] einen 30-minütigen Film auf der Videoplattform YouTube ein[14]. Ziel der Aktion »Kony 2012«, deren Flaggschiff das Medium Video ist, war es, den international zur Fahndung ausgeschriebenen ugandischen Warlord Josef Kony, selbst ernannter Anführer der »Lord's Resistance Army«, möglichst noch im Jahr 2012 der Justiz zuzuführen. Ziel war es also nicht, bislang unbekannte Missstände anzuprangern: Der Fall Kony war bekannt und es bestand allgemeiner Konsens.[15] Ziel war es vielmehr, möglichst viele Menschen zu mobilisieren, um die gewählten Volksvertreter an ihre Versprechen zu erinnern.

Die virale Verbreitung des Kony-2012-Videos erfolgte primär über Facebook – und war extrem erfolgreich: Schon am Vormittag des 9. März 2012 verzeichnete YouTube rund 50 Millionen Abrufe des Kony-Videos. Doch der Schwarm erwies sich als lernfähig, denn der Erfolg wurde schon bald zum Bumerang für die »Invisible Children«. Rasch kursierten kritische Artikel über die Aktion »Kony 2012«[16] und die Onlinecommunity diskutierte die Frage, wie die »Invisible Children« mit ihren Spendengeldern umging[17]. Die Katastrophe wurde perfekt, als am 17. März 2012 Meldungen erschienen, dass der Regisseur des Kony-Videos, Jason Russell, in San Diego einen Nervenzusammenbruch erlitten habe, halbnackt durch die Straßen gelaufen sei und schreiend mit den Fäusten auf den Gehweg hämmerte, ehe er in ein Krankenhaus eingeliefert wurde[18].

13 www.invisiblechildren.com

14 Invisible Children: KONY 2012, 2012, http://youtu.be/Y4MnpzG5Sqc, Zugriff: 09.05.2012

15 Friederike Freiburg und Horand Knaup: Jagd auf Rebellenchef Kony. Aktivisten starten Kampagne gegen den Schlächter von Uganda, SPIEGEL Online, 08. März 2012, http://www.spiegel.de/politik/ausland/0,1518,820110,00.html, Zugriff: 08. Mai 2012.

16 Polly Curtis und Tom McCarthy: Kony 2012: what's the real story?, The Guardian, 08. März 2012, http://www.guardian.co.uk/politics/reality-check-with-polly-curtis/2012/mar/08/kony-2012-what-s-the-story?fb=native, Zugriff: 09. Mai 2012.

17 Johnny Haeusler: KONY2012 und Invisible Children, Spreeblick, 07. März 2012, http://www.spreeblick.com/2012/03/07/kony2012-und-invisible-children/, Zugriff: 09. März 2012

18 FOCUS Online: Online-Kampagne gegen Kriegsverbrecher Joseph Kony. Bizarrer Zusammenbruch des Initiators von »Kony 2012«, 17. März 2012, http://www.focus.de/politik/ausland/kony-2012-bizarrer- zusammenbruch-des-video-initiators-_aid_725089.html, Zugriff: 08. Mai 2012

Seither wird die Aktion »Kony 2012« im Internet auf verschiedene Art und Weise satirisch aufs Korn genommen. Die Schwarmintelligenz hatte sich für wenige Tage auf den professionell inszenierten Hype »Kony 2012« eingelassen, ließ sich letztlich aber nicht verführen: Nach einer knappen Woche war der Hype als solcher entlarvt.

Hierarchische Meinungsbildung im Internet

Obwohl die Schwarmintelligenz durchaus auch lern- und kritikfähig ist, hat sie auch ihre Grenzen, denn zwischen dem Posting eines Blog-Beitrags, einer Twitter-Meldung oder einem Like-Klick auf Facebook und realem politischem Handeln – dem Einbringen einer Gesetzesinitiative, dem Protest gegen ein Großbauprojekt oder gar der Revolte gegen ein repressives Regime – klafft eine Lücke: Die politische Meinungsbildung im virtuellen Raum muss in die reale Welt transferiert werden – und dieser Transfer bleibt nicht ohne Risiken.

Ein Beispiel für den erfolgreichen Transfer zwischen virtueller und realer Welt ist die Gründung des Bundesverbandes »Bürgerinitiativen Tiefe Geothermie« (BV-BI-TG). Ursprünglich aus vielen einzelnen Internetprotestbewegungen hervorgegangen, formieren und organisieren sich Bürgerinitiativen deutschlandweit seit August 2010 über eine Onlineportalseite und seit 2011 auch über eine angeschlossene Facebook-Gruppe innerhalb eines übergeordneten Verbandes. »Mit der Gründung [...] möchten die Gegner der Geothermie den Bürgern eine Informationsplattform bieten und den Widerstand unterstützen. Die Initiativen sind der Meinung, dass der Bau von Geothermiekraftwerken im Vergleich zu Solar- und Windenergie weder risikofrei noch wirtschaftlich sei.«[19] Das Internet ist in diesem Fall Motor und Transmissionsriemen zugleich. Der online stattfindende Meinungsbildungsprozess initiiert und affirmiert die reale politische Willensbildung und noch viel wichtiger: Die virtuelle Welt liefert die notwendigen prozessualen organisatorischen Rahmenbedingungen, um das übergeordnete Thema »Energiegewinnung aus Erdwärme« progressiv im öffentlichen Diskurs mit den Behörden und der Politik zu halten. Mit der Gründung der Bundesverbandes hat sich überdies der Transfer in die klassischen hierarchischen Strukturen der realen Welt konsequent vollzogen. Dieser Prozess – in allgemeingültiger Form – wird in Abbildung 1 modellhaft festgehalten:

19 Vgl. http://www.tiefegeothermie.de/index.php?id=news_geothermie, Zugriff: 10. August 2010

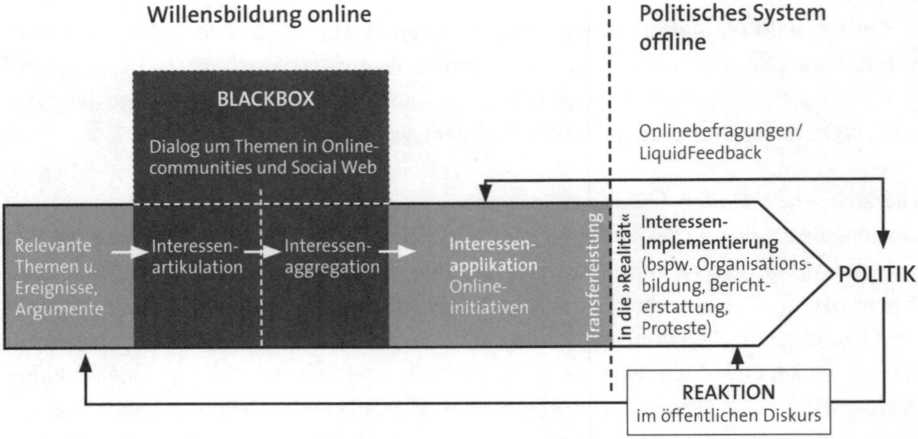

Abb. 1: Die Blackbox: Politische Willensbildung im Internet

Ein Ereignis oder ein Thema, wie die Geothermie, mit starkem persönlichen Involvement der Betroffenen führt in einem ersten Schritt zur Artikulation von Interessen im Web. Diese werden von Meinungsführern geäußert, verstärkt oder aufgegriffen und im Internet weitergetragen. Eine Ausdifferenzierung findet im Dialog zwischen den Akteuren statt. Es folgt eine Aggregation dieser Interessen in Onlinecommunities und Social Media. Betroffene und Interessierte finden sich im Netz, tauschen sich aus und erkennen, dass das persönliche Involvement auch bei anderen Akteuren gegenwärtig und von Relevanz ist. Aus der Aggregation der gemeinsamen Interessen der Akteure entstehen Onlineinitiativen und Onlineprotestbewegungen, etc. Bis zu diesem Zeitpunkt bleibt die politische Willensbildung im Internet originär virtuell – ein Stadium, in dem die reine Onlinemeinungsbildung schon eine erhebliche Wirkung auf den politischen Betrieb ausüben kann, wie zahlreiche Fälle aus der Vergangenheit zeigen. Doch das Beispiel »Bürgerinitiativen Tiefe Geothermie« geht noch einen Schritt weiter: Die Transferleistung in die reale politische Sphäre ist durch die Etablierung in einem Bundesverband innerhalb eines direkten Transfers gelungen – eine Implementierung in das bestehende hierarchische System somit vollzogen. Andere Protestbewegungen wie die für Karl Theodor zu Guttenberg bspw. sind offline gescheitert.[20]

Es zeigt sich die zentrale Herausforderung beim Transfer der viralen Meinungsbildung in politische Willensbildung, die Kraft und Dynamik der Meinungsbildung im virtuellen

20 Vgl. Fabian Reinbold und Ole Reißmann: Spötter stehlen KTG-Fans die Show, Spiegel Online, 05. März 2011: http:/www.spiegel.de/politik/deutschland/guttenberg-demos-spoetter-stehlen-ktg-fans-die-show-a-749290.html, Zugriff: 19. Juni 2012

Raum in reale politische Willensbildung umzusetzen und sie sowohl formal als auch technisch zu konstituieren, um zu verhindern, dass man ihrer inhärenten Volatilität erliegt. Dieser Herausforderung hat sich auch der Deutsche Bundestag im März 2010 mit der Enquêtekommission »Internet und Digitale Gesellschaft (EIDG)«[21] angenommen und auch die etablierten Parteien befassen sich mit diesem Thema – auch wenn sich deren Ergebnisse derzeit noch in einem sehr frühen Stadium befinden. Neben der Möglichkeit der Bürgerbeteiligung an der Enquêtekommission[22] hat auch das Verkehrsministerium jüngst dazu aufgerufen, online »Meinungen sowie Ideen und Vorschläge zu den [...] vorgestellten Eckpunkten«[23] der Verkehrsregister-Reform zu äußern.

Am weitesten fortgeschritten dürfte derzeit das Programm »LiquidFeedback« sein, das seit Oktober 2009 auf Betreiben der deutschen Piratenpartei von der – unabhängigen – Public Software Group e. V. entwickelt wird.

Der praktische Einsatz von LiquidFeedback unterscheidet zwei Phasen: die Themenfindung und die Abstimmung. Die Themenfindung muss vier Bedingungen genügen:

- Jeder Teilnehmer kann von einer Initiative erfahren.
- Jeder Teilnehmer kann eigene Vorschläge zur Ausgestaltung von Initiativen einbringen.
- Jeder Teilnehmer hat die Möglichkeit, alternative Initiativen einzubringen.
- Jeder Teilnehmer kann am Ende einer Diskussion über die Initiative abstimmen.[24]

Die abschließende Abstimmung muss ihrerseits denselben formalen Anforderungen genügen, die auch an Abstimmungen in der analogen Welt – von der Wahl per Akklamation bis hin zum sogenannten Hammelsprung[25] – gestellt werden:

- Die Überprüfbarkeit der Teilnahmeberechtigung
- Die Gewähr, dass jeder Teilnehmer nur einmal abstimmt
- Die korrekte Auszählung der abgegebenen Stimmen

Diese Anforderungen sind in der digitalen Welt nur schwer zu erfüllen, da das Internet nicht dafür ausgelegt ist, die Identität seiner Nutzer zu kontrollieren. Verschleierungssoftware, Proxy-Server und Spionagetools erschweren zusätzlich einen betrugssicheren Onlinepartizipationsmechanismus. Dies macht Restriktionen und Techniken erforderlich, die zwar die Eingangshürde zur direkten Demokratie erhöhen, wohl aber deren Validität sicherstellen.

21 http://www.bundestag.de/internetenquete/

22 http://www.enquetebeteiligung.de/

23 Bundesministerium für Verkehr, Bau & Stadtentwicklung (BMVBS), Neuregelung des Punktesystems, 26. April 2012, http://www.bmvbs.de/shareddocs/de/pressemitteilungen/2012/072-ramsauer-neuregelung-punktesystem.html, Zugriff: 02. Mai 2012

24 Vgl. Andreas Nitsche: Interactive Democracy using Liquid Democracy, http://liquidfeedback.org/mission/, Zugriff: 08. Mai 2012

25 Vgl. Geschäftsordnung des Deutschen Bundestages § 51, Abs. 2, http://www.bundestag.de/dokumente/rechtsgrundlagen/go_btg/index.html, Zugriff: 08. Mai 2012

Zudem funktioniert LiquidFeedback nicht isoliert: Initiativen, die hier eingestellt sind, werden parallel über andere Kanäle – etwa Twitter oder Mailinglisten – diskutiert[26]. Darüber hinaus wurde LiquidFeedback – aus pragmatischen Aspekten – um ein Element der repräsentativen Demokratie erweitert: Die Teilnehmer haben die Möglichkeit, ihre Stimme zu delegieren. Diese »Super-Delegierten« haben erheblichen Einfluss. Allerdings werden Stimmen hier nicht – wie in einer parlamentarischen Demokratie – befristet und ohne Bedingungen delegiert, sondern vielmehr – nach dem rätedemokratischen Prinzip – themen- und meinungsspezifisch übertragen und die Delegation kann jederzeit widerrufen werden[27].

LiquidFeedback ist in Summa ein probates Mittel, um die Ergebnisse der virtuellen politischen Willensbildung zu einem Zeitpunkt sichtbar zu machen, an dem sie in ihrem Entstehungsprozess bereits abgeschlossen sind.

Die Politik ist in ihrer Handlungsfähigkeit beschränkt, weil nur auf sichtbare Auszüge des virtuellen Dialogs reagiert werden kann. Diese entstehen, wenn bspw. Protestbewegungen im Internet durch die Medien »geadelt« werden oder die Transferleistung der Bewegungen in das politische System bereits gelungen ist. Ein Zeitpunkt, der für einen erstrebenswerten frühen Dialog zwischen Interessengruppen – ob Minoritäten oder Massenphänomene – oft zu spät ist. Es sind keine Trends oder Entwicklungen sichtbar, auf deren frühes Stadium die Politik aktiv eingehen könnte. So sind Fronten verhärtet, Meinungen gebildet und Argumente ausgetauscht, bevor der Dialog durch die Politik aufgenommen und geführt wurde.

Dieser für die Politik nicht sichtbare Dialog im Internet kann als »Blackbox« bezeichnet werden (s. Abbildung 1). Die Politik reagiert auf das Resultat der sich innerhalb der »Blackbox« vollzogenen politischen Willensbildung im Internet und bleibt bis zu ihrem Ergebnis außen vor. Es entsteht eine Lücke, die es zu schließen gilt, um von einer reaktiven Situation in die Handlungsfähigkeit zu gelangen, aktiv den Dialog zu führen und frühzeitig zu moderieren.

Der effiziente Dialog

Wie lässt sich die entstandene Lücke – die »Blackbox« – zwischen politischer Willensbildung im Internet und der Politik schließen? Was ist der Schlüssel zur Annäherung der eingangs dargestellten konträren Positionen zwischen »Tyrannei der Masse« und »Schwarmintelligenz«?

---

26 Vgl. Der Spiegel: Politiker-Pöbeleien. Die Tradition der Beschimpfungen, Ausgabe 12/2001, http://www.spiegel.de/spiegel/print/d-18758703.html, Zugriff: 08. Mai 2012.

27 Vgl. Andreas Nitsche: Interactive Democracy using Liquid Democracy, http://liquidfeedback.org/mission/, Zugriff: 08. Mai 2012.

Es braucht Monitoringtools, die den Dialog im Web für die Politik transparent gestalten, sodass die Politik in die Lage versetzt wird, den entstehenden politischen Willensbildungsprozess im Internet rechtzeitig aufgreifen zu können.

Ob Minderheitsmeinungen oder Massenphänome, die Politik muss das Ohr an das Medium der Öffentlichkeit legen, gezielt Informationen liefern und in den Dialog eintreten, um ihn aktiv mitzugestalten. Dafür muss die »Blackbox« Internet aufgelöst werden.

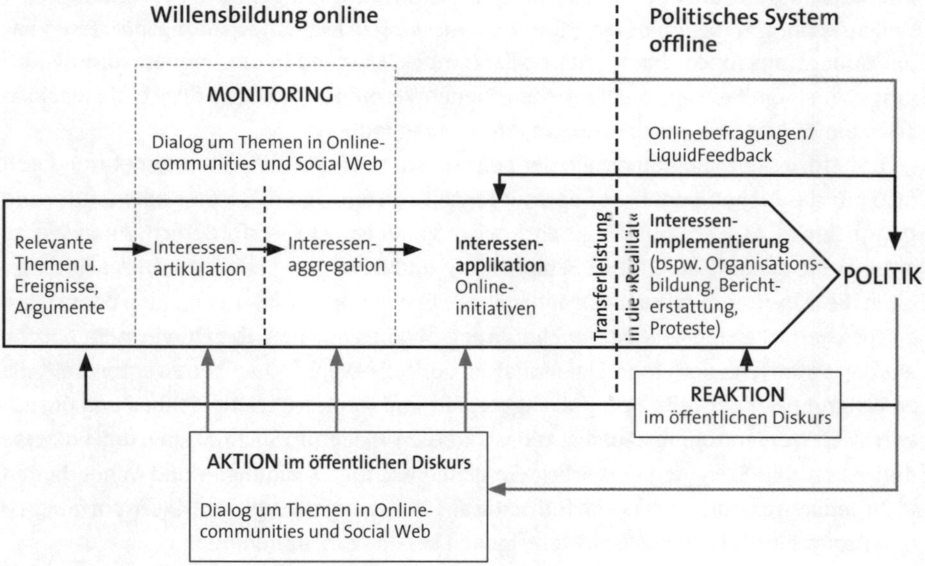

Abb. 2: Transparente politischen Willensbildung online – wie die Politik neue Handlungsfähigkeit erlangt

Gerade aus dem Monitoring der viralen Meinungsbildungsprozesse und deren Verortung innerhalb der virtuellen Welt lassen sich wiederkehrende Muster evaluieren, die Rückschlüsse auf die Ergebnisse der politischen Willensbildung im Internet erlauben.

Möglich ist dies, weil es auch innerhalb der viralen Meinungsbildung des anonymen Schwarms Hierarchien und neuralgische Punkte wie Foren, Gruppen und Netzwerke gibt: Das Marktforschungsinstitut ACNielsen hat in einer Studie darauf hingewiesen, dass 90 Prozent aller Internetanwender das Netz vorwiegend passiv nutzen. Diesen passiven Nutzern stehen neun Prozent aktive User gegenüber – und ein Prozent »Heavy Contributor«[28], welche als Meinungsführer betrachtet werden können.

Diese Meinungsführer sind nicht notwendig die »sichtbarsten« Mitglieder einer Gruppe, verfügen jedoch über eine sehr hohe Reputation im Web: Ihnen gelingt es oftmals, mit nur wenigen Postings die Meinung der gesamten Gruppe zu formen. Diese Meinung wird wieder an bestimmten virtuellen Orten mit anderen Gruppen innerhalb des Internets ausgetauscht und hat damit gute Aussichten, den gesamten Prozess digitaler Willensbildung zu beeinflussen.[29] Diese Entwicklung in Meinungsbildungsprozessen hat der Bundestagsabgeordnete Thomas Jarzombek, Mitglied in der Enquêtekommission jüngst in einem Beitrag so beschrieben: Neuen Verbreitungswegen für jeden Einzelnen steht die Tendenz zur Monokultur im Internet gegenüber.[30]

Der effiziente Dialog innerhalb der politischen Willensbildung im Internet muss sich also auf die Archetypen ihrer Repräsentanten konzentrieren. Da dies allein aufgrund quantitativer Aspekte nur eingeschränkt möglich ist, ist es erforderlich, Analysen zu entwickeln, die eine qualitative Beobachtung und Bewertung erlauben. Dies allerdings, ohne die Daten zu missbrauchen, individuelle Bewegungsprofile zu erstellen oder Daten zu speichern, die eine persönliche Zuordnung möglich machen. Es geht vielmehr darum, aus den Daten (Erkenntnissen, Eigenschaften und Vorlieben) Archetypen zu entwickeln, die zu Zielgruppen oder Teilzielgruppen aggregiert und somit frühzeitig, schnell und präzise adressiert werden können. Auf dieser Basis werden wiederum Suchroutinen und Prozesse aufgesetzt und Szenarien entwickelt. So gehen wichtige Meinungen und Minderheiten nicht verloren und die Politik kann frühzeitig auf Stimmungen reagieren, Krisen antizipieren und Argumente aus dem Web in den eigenen Diskurs mit aufnehmen.

Angesichts der komplexen Herausforderung ist es erforderlich, für jeden Teilprozess und jede Fragestellung spezifische Suchroutinen zu implementieren. Ebenso müssen die Typologien und Verhaltensmuster relevanter Zielgruppen bestimmt werden. Die anschließende Datenerhebung ist eine Kombination aus quantitativer und qualitativer Messung. Quantitative Faktoren sind hier zum Beispiel die Verbreitung und die Reichweite einer Aussage. Qualitative Faktoren sind das Sentiment und die Emotionalität einer Aussage – und nicht zuletzt natürlich deren Inhalt und die Glaubwürdigkeit desjenigen,

28 Vgl. Jakob Nielsen: Participation Inequality. Encouraging More Users to Contribute, 09. Oktober 2006, http://www.useit.com/alertbox/participation_inequality.html, Zugriff: 05. Mai 2012

29 Vgl. Damian Ryan und Calvin Jones: Understanding Digital Marketing: Marketing Strategies for Engaging the Digital Generation, 2012, S. 28

30 Vgl. Thomas Jarzombek: Risiken neuer Monopole und mangelnde Transparenz bei Suchmaschinen und sozialen Netzwerken, 2011, S. 28 f., in Wolfgang Kleinwächter (Hrsg.): MIND 1: Grundrecht Internetfreiheit

der die Nachricht verbreitet. Eine bemerkenswerte Studie der Indiana University zeigt, wie ausschließlich anhand konnotativer Analysen sogar Börsenkurse zuverlässig vorhergesagt werden können[31].

Aus der in einer kontinuierlichen Monitoringschleife erhobenen Datenbasis lassen sich schließlich belastbare Aussagen über den aktuellen Diskurs ableiten: Welche Gruppen kommunizieren? Wie ist die Entwicklung? Welche Relevanz haben sie im Onlinediskurs? Wo und über welche Kanäle wird gesprochen? Wie sind sie mit anderen Meinungsgruppen verknüpft? Welche Themen werden wie intensiv diskutiert? Was sind die Kritikpunkte der Netzgemeinschaft? Und so fort. Insgesamt ist eine solche Analyse erfahrungsgemäß zwar komplex, doch bietet sie zum gegenwärtigen Zeitpunkt die wohl beste Gewähr dafür, dass die virale Meinungsbildung in der digitalen Welt nicht an den politischen Akteuren vorbeiläuft und die – für eine funktionierende Demokratie so wichtigen – Minderheitenmeinungen nicht im Grundrauschen des Internet abhandenkommen.

Fazit

Die politische Willensbildung ist ohne das Internet nicht mehr denkbar. Mehr noch: Das Netz bietet beste Voraussetzungen für einen Dialog – zwischen Politik und Bürgern sowie zwischen Bürgern und Bürgern. Jeder will, jeder darf, jeder muss mitreden – jeder will, darf und muss sich eine Meinung bilden.

Die politische Willensbildung geschieht dynamischer und schneller als je zuvor. Immerhin erweist sich in der Kombination von viraler und hierarchischer Meinungsbildung, dass die virtuelle Welt zumindest das Potenzial hat, nicht nur ein weiteres Medium der politischen Willensbildung zu sein, sondern womöglich auch der ideale Kanal der politischen Willensfindung zu werden: Informationen, Fakten, Sach- und Kausalzusammenhänge sind hier allgemein verfügbar und auch persönliche Themen, unglückliche Formulierungen, unbedachte Äußerungen sowie grundsätzliche Sympathien oder Antipathien für Politiker werden auf breiter Basis diskutiert.

Die reine Momentaufnahme der Meinung einer amorphen Masse kann jedoch schnell zu einem recht einseitigen Zerrbild führen. Dies kann bei einem Politikbetrieb, der auf demokratische Vielfalt und Berücksichtigung von Minderheitenmeinungen setzt, nicht gewünscht sein. Rosseau konstatiert: »Wenn schließlich eine dieser Vereinigungen so groß ist, dass sie stärker ist als alle anderen, erhält man als Ergebnis nicht mehr die Summe der kleinen Unterschiede, sondern einen einzigen Unterschied; jetzt gibt es keinen Gemeinwillen mehr, und die Ansicht die siegt, ist nur eine Sonderanschauung. [...] Wenn es aber Teilgesellschaften gibt, ist es wichtig, ihre Zahl zu vervielfachen und ihrer

31 Vgl. Johan Bollen, Huina Mao, Xiao-Jun Zeng: Twitter mood predicts the stock market, 14. Oktober 2010, http://arxiv.org/pdf/1010.3003v1.pdf, Zugriff: 20. April 2012.

Ungleichheit vorzubeugen. [...] Diese Vorsichtsmaßregeln sind die einzig richtigen, damit der Gemeinwille immer aufgeklärt sei und das Volk sich nicht täusche.«[32]

Es ist deshalb umso wichtiger, permanent das Ohr an den bestehenden virtuellen Diskurs zu halten, die dynamischen Prozesse zu verfolgen, den Strom der »Schwarmintelligenz« nachzuvollziehen, argumentativ zu begleiten und somit eine permanente permeable Membran zwischen Volk und Volksvertretern herzustellen.

Um den Dialog aufzunehmen und den Prozess konstruktiv zu gestalten, muss man wissen, wann, wo und mit wem man kommuniziert. Dabei helfen technische Prozesse, die die Anonymität des Einzelnen nicht auflösen, aber Gruppen, Teilöffentlichkeiten, Themen, aktuelle Notwendigkeiten sowie ihre Foren und Plattformen sichtbar und somit adressierbar machen.

Parteien müssen ihr Verständnis für politische Willensbildung im Internet weiterentwickeln: Sie müssen sich der digitalen Realität stellen – ohne übertriebene Radikalisierungen (»Tyrannei«) – und sich kontinuierlich informieren. LiquidFeeback, LiquidDemocracy oder ähnliche Initiativen sind Chance und Notwendigkeit zu gleich. Meinungsbildung im Internet findet permanent und überall statt. Zuhören, Informieren und den Dialog suchen: Die aktive Nutzung der Möglichkeiten, die das Netz bietet, ist ein wichtiger Schritt zur Stärkung der Demokratie.

32 Jean-Jacques Rousseau: Vom Gesellschaftsvertrag oder Grundsätze des Staatsrechts, Hrsg. und neu übers. von Hans Brockhard, 1991, S. 31 ff.

2.5 Der Weg des Vertrauensaufbaus

Prof. Dr. Thorsten Hofmann, Quadriga Hochschule Berlin

Die Proteste gegen Stuttgart 21, Fluglärm nach der Erweiterung des Frankfurter Flughafens oder Geothermieprojekte zeigen eines ganz deutlich: Bürger sind für große Bauprojekte in hohem Maße sensibilisiert und fühlen sich von diesen teilweise sogar bedroht. Der Ruf nach mehr Partizipation, nach mehr Teilhabe wird immer lauter. Denn große Bauvorhaben wirken auf viele Menschen mittlerweile wie eine Blackbox, bei der sie nicht wissen, was sie und ihr Lebensumfeld erwartet. Die Projekte greifen meist auf mehrere Jahre in die Umwelt und den Lebensalltag der Betroffenen ein, was deren Misstrauen und die Skepsis fördert. Die öffentliche Wahrnehmung von Großprojekten wird zunehmend von Ängsten, nicht von Chancen und Hoffnungen dominiert. Entgegenwirken kann man dieser Tendenz nur, wenn frühzeitig und systematisch Vertrauen aufgebaut und das Gesamtprojekt für alle Beteiligten – nicht nur für die Bauplaner – kalkulierbar wird. Die Herausforderung der Informationsvermittlung und der Bürgerbeteiligung ist es, einerseits auf die Ängste und Bedürfnisse der betroffenen Personen einzugehen sowie andererseits die Diskussion auf einer Sachebene zu führen, ohne die Emotionen der Bürger zu vernachlässigen und somit das emotionale Gegeneinander in ein produktives miteinander zu verwandeln. Hierfür müssen komplexe Informationen zielgruppengerecht »übersetzt«, die Bedürfnisse und Ängste erkannt und die richtigen Kanäle und Instrumente zur Diskussion angeboten werden.

Das Bedürfnis nach Kollektivität

Die Skepsis der Bürger gegenüber großen Bauvorhaben ist prinzipiell kein neues Phänomen. Denn die meist komplexen und finanziell aufwendigen Bauprojekte berühren eine Vielzahl verschiedener Interessen, die miteinander in Konflikt geraten können.

Bauherren geraten somit schnell in die Defensive, besonders wenn sie einen wichtigen Aspekt vernachlässigen: Menschen suchen soziale Gemeinschaften, Kollektive, mit denen sie sich identifizieren können und gemeinsame Ziele entwickeln. Protest ist also ein kollektives Erlebnis, das im Laufe der Zeit eine Eigendynamik entwickelt. So haben in der Vergangenheit schon viele Beispiele gezeigt, dass Demonstrationen auch den Charakter eines Events annehmen können. Frei nach dem Motto: »Dabei sein ist alles.« Dieser Gedanke verbirgt sich auch hinter der sozialen Kommunikationskultur, die wir im Web 2.0 jeden Tag beobachten können. Und genau hier gibt es zahlreiche neue Möglichkeiten der Mobilisierung, durch die sich eine anfängliche Skepsis gegen ein Projekt verhärten und ausweiten kann. Denn noch nie war es so einfach wie heute, über das Internet und die sozialen Medien Befürchtungen zu teilen, sich zu verbünden und Mitstreiter zu mobilisieren. Bürgerinitiativen professionalisieren sich zusehends, gehen Allianzen ein und nutzen dabei viele Kanäle, um kampagnengestützt Mitstreiter zu gewinnen.

Das Bedürfnis nach mehr Bürgerbeteiligung

Partizipation im Sinne von Bürgerbeteiligung war und ist seit jeher ein umkämpfter Begriff. Europäisierungs- und Globalisierungseffekte haben die Wahrnehmung der Menschen gegenüber ihrer Möglichkeit zur Partizipation verändert. Durch eine weltweite Vernetzung von Kommunikation erfahren sie heute viel mehr von der Welt, was teilweise zu einer Überforderung und in einem Gefühl von Ohnmacht mündet. Durch diese Erfahrungen entsteht ein grundlegendes Bedürfnis nach mehr Partizipation – nach mehr Bürgerbeteiligung – insbesondere im Lokalen: »vor der eigenen Haustür«. Dieses Bedürfnis wird zunehmend anlässlich großer Bauvorhaben sichtbar, ganz gleich ob es sich um ein Projekt der erneuerbaren Energien oder den Bau einer Umgehungsstraße handelt: Dem Projektbetreiber entgegnet eine generelle Skepsis seitens der Bevölkerung.

Insbesondere die von einem Bauvorhaben direkt oder potenziell Betroffenen haben einen großen Bedarf an Informationen. Die Unsicherheit, die durch solch ein Vorhaben entsteht, welches sich direkt im Nahfeld der Betroffenen auswirkt, führt zu den tradierten Verhaltensweisen bei Gefahrenerkennung wie Angriff (z. B. Demonstration) oder Flucht (z. B. Wegziehen). Unsicherheit entsteht hierbei aufgrund von Wissenslücken, die durch ein »mehr« an Informationen geschlossen werden können. Aufbauend auf diesen Informationen können die Betroffenen eine konkrete Einstellung und Position zu einem Bauprojekt entwickeln, ohne in eine negative Interpretation zu verfallen. Daher ist es besonders wichtig, dass die Projektverantwortlichen die Informationsvermittlung und die systematische Bürgerbeteiligung als zentrale Aufgabe verstehen und nicht mehr länger als Nebenschauplatz erfolgreicher Umsetzung degradieren. Kommunikation ist hierbei keine Nebensache.

Die größte Herausforderung dabei ist, diese Informationsvermittlung und die Möglichkeiten der Beteiligung in das Gesamtprojekt mit einzuplanen und somit eine Brücke zwischen Experten und Öffentlichkeit herzustellen. Denn nicht verständliche, technische Phrasen erzeugen langfristig Misstrauen und Verärgerung aufseiten der Betroffenen. Wenn es den Bauherren bzw. den Projektverantwortlichen also nicht gelingt, die Vorteile des Projekts verständlich zu vermitteln, steht seitens der Betroffenen schnell ein schwerwiegender Vorwurf im Raum: »Unsere Ängste und Bedürfnisse werden nicht ernst genommen.« Kaum ein Laie wird ein bautechnisches Gutachten verstehen, wenn nicht im Vorfeld aufwendige »Übersetzungsarbeit« geleistet wird. Um dies zu gewährleisten, bedarf es einer detaillierten Bestandsaufnahme, geschulten Kommunikatoren und einer guten Organisation.

Bedürfnisse antizipieren – Ängste abbauen

Von einem Projekt betroffene Personen und Gruppen, die durch die Analyse identifizierten Stakeholder, müssen nicht per se gegen ein Bauvorhaben sein. Sie möchten jedoch die Möglichkeit haben, auf Konzeption und Verlauf des Projekts Einfluss nehmen zu können. Sie können entweder mit einem Projekt Erwartungen verbinden und es folglich unterstützen oder aber Befürchtungen haben und dementsprechend Widerstand organisieren. Diese Bedürfnisse, Interessen und Widerstände müssen durch den Vorhabenträger antizipiert werden, um konkrete Maßnahmen ableiten zu können.

Dabei ist es nur durch wirkungsvolle Kommunikationsmaßnahmen möglich, Ängste gegenüber dem Projekt abzubauen. Eine vertrauensbildende Informationspolitik setzt den Angstzyklus (siehe Beitrag P. Höbel, S. 41) durch schnelle und umfassende Aufklärung sowie durch eine offene Vorgehensweise außer Kraft.

Der Misstrauenszyklus

Ist die Diskussion um ein Bauvorhaben erst entfacht, entsteht ein Misstrauenszyklus: Fehlendes Vertrauen führt zu Vorurteilen und Unterstellungen seitens der Projektgegner. Die Diskussion wird zunehmend auf einer unsachlichen Ebene geführt, Emotionen dominieren sachliche Argumente. Dieser zunächst immaterielle Schaden kann in konkreten materiellen Verlusten münden, beispielsweise durch Bauverzögerungen oder aber einen Baustopp.

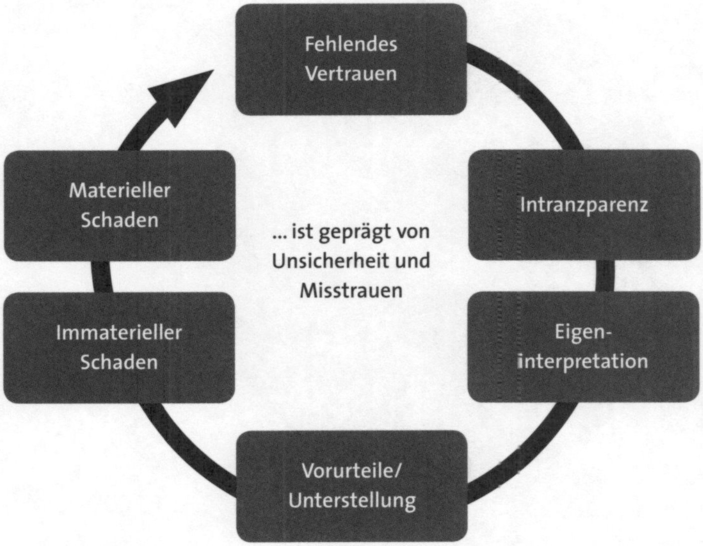

Was können also Kommunikationsverantwortliche, Bauherren, öffentliche Behörden konkret tun, um diesen Misstrauenszyklus zu durchbrechen und die Bürger dort abzuholen, wo sie sind? Wie wird dadurch auch den Bürgen eine Gesicht gegeben, die für ein Vorhaben sind, sich jedoch nicht zu Wort melden? Hier greift der Dreisatz der Beteiligungskommunikation: Informieren, Involvieren, Mobilisieren, kurz: Partizipation ermöglichen bzw. erhöhen. Vertrauen muss aufgebaut werden, verloren gegangenes Vertrauen zurückerobert werden. Unterstützer müssen erkannt und eingebunden werden.

Wenn das Bauprojekt schon in der frühen Planungsphase kommunikativ begleitet wird, können von den Bürgern wahrgenommene Bedrohungen auch als Chance erkannt werden. Eine frühzeitig geplante, transparente und proaktive Kommunikation ist, über alle Bauphasen hinweg, unverzichtbar. Dazu gehören:

- Kompetente und erreichbare Ansprechpartner
- Offene Kommunikationskanäle
- Glaubwürdige und authentische Informationen
- Die Erfüllung grundlegender handwerklicher Anforderungen an die Kommunikationsmittel

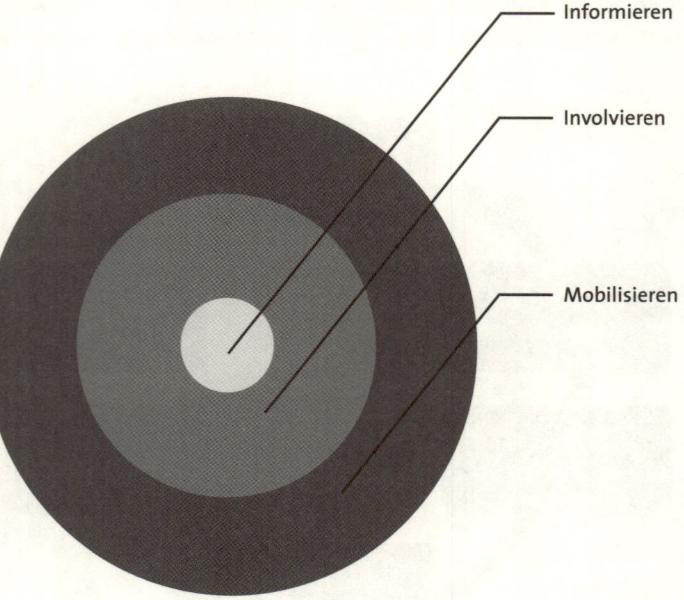

Abbildung: Unterstützer gewinnen

Funktion von Bürgerbeteiligung

So einfach die theoretische Gleichung klingt, so anspruchsvoll ist ihre praktische Umsetzung. »Mehr Bürgerbeteiligung« ist eine abstrakte Forderung, die fast der viel zitierten Forderung nach »mehr Demokratie« nahe kommt. Bürgerbeteiligung bei großen Bauprojekten zu gewährleisten, ist ein hehrer Anspruch. Schließlich spielt eine Vielzahl von Akteuren eine Rolle, die ein berechtigtes Interesse an einem – subjektiv empfundenen – Grad der Planungssicherheit haben. Wie sollen diese beiden Ansprüche miteinander vereint werden?

Bürgerbeteiligung kann auf drei Ebenen stattfinden: Von der reinen Information der Betroffenen bis hin zu deren Konsultation und letztlich zur konkreten Erarbeitung von gemeinsamen Lösungen zwischen Projektverantwortlichen und anderen, betroffenen Akteuren. Es kann somit zwischen einer Informations-, Konsultations- und Kooperationsebene der Bürgerbeteiligung unterschieden werden. Voraussetzung für ein Funktionieren auf allen drei Ebenen ist, die Möglichkeiten und Grenzen des Beteiligungsprozesses von Beginn an klar zu kommunizieren und somit eine Vertrauensbasis zwischen den Beteiligten zu schaffen.

Erfolgreiche Bürgerbeteiligung kann dabei eine ganze Reihe von Funktionen erfüllen:

- Die Bürger werden in das Planungsverfahren integriert, um die Basis für eine Zustimmung zu schaffen.
- Konflikte werden durch frühzeitige Information im Vorfeld identifiziert und damit eher vermieden.
- Durch eine Analyse der Rahmenbedingungen können Lösungen optimiert werden.
- Der Umsetzungsprozess wird weniger störanfällig, weil juristische Auseinandersetzungen durch frühzeitige Integration aller Beteiligten vermieden werden.
- Entscheidungen werden besser akzeptiert, wenn der Weg der Entscheidungsfindung transparent gemacht wird.

Der strategische Weg des Vertrauensaufbaus

Was hat das Konzept der Bürgerbeteiligung mit Planung und professioneller Kommunikation zu tun? Weil dadurch zum einen gewährleistet wird, dass der Beteiligungsprozess in den gesamten, komplexen Planungsprozess des Bauvorhabens von Beginn an eingebunden wird und zum anderen, dass die relevanten Akteure überhaupt erst erreicht werden. Nur derjenige wird als vertrauensvoller Dialogpartner wahrgenommen, der die Argumente der Projektgegner im Voraus kennt und antizipiert, anstatt von ihnen überrascht zu werden. Denn Bürger und Interessengruppen sind heute ebenfalls professionell organisiert und vertreten ihre Belange selbstbewusst. Finden diese ersten Widerstände einmal Platz auf der medialen Agenda, vergeht kaum ein Tag, an dem regionale und überregionale Medien nicht über das Großprojekt berichten. Dabei werden Proteste und Einwände von Anwohnern und Bürgern oder anderen Interessenvertretern in den Mittelpunkt der Berichterstattung gestellt.

1. Vorbereitende Maßnahmen des Beteiligungsprozesses

Zu einer guten Vorbereitung gehört eine fundierte Analyse aller relevanten Akteure und Stakeholder sowie eine Bestandsaufnahme der Rahmenbedingungen des Projekts. Darauf aufbauend wird die konkrete Gestaltung des Beteiligungsprozesses geplant und umgesetzt. Dabei muss die Planung jederzeit auf unvorhergesehene Störfaktoren oder aber neue Entwicklungen reagieren können und diese mitberücksichtigen.

a) Stakeholder-Analyse

Am Beginn eines Projektes gilt es, sich mittels einer Stakeholder-Analyse einen Überblick über die Situation vor Ort zu verschaffen. Konkret bedeutet dies, die relevanten Anspruchsgruppen rund um das Projekt zu identifizieren und entlang ihrer Bedürfnisse und Positionen zu klassifizieren. Hierzu können Anwohner, Unternehmen, lokale Entscheidungsträger, Journalisten, Bürgerinitiativen, NGOs und noch viele weitere Akteure zählen. Dabei werden auch soziodemografische Daten und Sozialstrukturen im lokalen Umfeld des Vorhabens betrachtet, da all diese Informationen im Vorfeld Hinweise auf den Grad der Akzeptanz oder Ablehnung zu einem Projekt geben. Aber nicht nur auf lokaler Ebene, sondern auch auf überregionaler Ebene existieren Anspruchsgruppen oder Personen, die ein Interesse an dem Bau oder aber an der Verhinderung des Vorhabens haben können und die berücksichtigt werden müssen. Die Analyse der Medienlandschaft und der Nutzung der Medien ist ebenfalls ein wichtiger Teil der Umfeldbetrachtung, die durch eine Stakeholder-Analyse abgedeckt wird. Auf lokaler Ebene spielen andere »Leitmedien« eine Rolle als auf überregionaler Ebene. Regionale Zeitungen haben in bestimmten Regionen und Bevölkerungsgruppen nach wie vor einen großen Stellenwert bei der Informationsgewinnung und beeinflussen somit, je nach Berichterstattung, ebenfalls die Einstellungen zum Bauprojekt. Gleichzeitig bieten die sozialen Medien zahlreiche neue Kanäle, die bei der Stakeholder-Analyse mitberücksichtigt werden müssen, da hier zwischen bestimmten Zielgruppen ein reger Austausch stattfindet. Hier finden sich – genauso wie offline – Befürworter, Gegner, Meinungsführer und Multiplikatoren.

All dies gibt Aufschluss über die öffentliche und veröffentlichte Meinung und welche Richtung sie nehmen kann. So können potenzielle Risikofaktoren frühzeitig erkannt und für die Gesamtstrategie bedacht werden.

Die Stakeholder-Analyse erlaubt es, zwischen von dem Projekt direkt Betroffenen und indirekt Betroffenen zu unterscheiden. Sie klassifiziert diese in verschiedene Akteursgruppen, wie Unterstützer, Kritiker und Nutznießer, sowie deren Einfluss auf die Umsetzung des Projekts. Aufgrund der Tatsache, dass die potenziellen Adressaten bei großen Bauprojekten extrem heterogen sind, kommt der Stakeholder-Analyse eine essenzielle Bedeutung zu. Denn vom Bürgermeister bis zum Lokaljournalisten, vom ansässigen Unternehmen bis zu einzelnen Anwohnern vor Ort müssen alle Akteure angemessen und über die richtigen Kanäle angesprochen werden, damit Botschaften überhaupt wahrgenommen werden. Dies gelingt nur, wenn man deren Bedürfnisse und Befindlichkeiten kennt. Ziel der Stakeholder-Analyse ist es, im Vorfeld zu erfahren, welche dieser unterschiedlichen Interessen besonders relevant sind, welche Konfliktfelder und auch Nebenaspekte eine Rolle spielen und welche Ressourcen, Kompetenzen und Erfahrungen vorliegen.

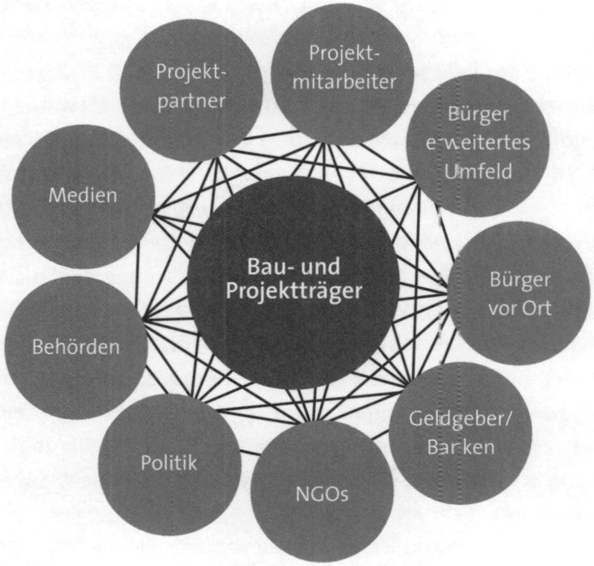

Infokasten:

Die Stakeholder-Analyse sollte sich an folgenden Fragen ausrichten:

- Wer ist von dem Projekt betroffen bzw. wer soll erreicht werden? (Spezifizierung)
- Was interessiert die jeweilige Gruppe? (Erwartungen und Befürchtungen)
- Wie informiert sich die jeweilige Gruppe? (Kommunikationskanäle)
- Wer sind Multiplikatoren und Meinungsführer? (Medien, Politik und Verbände)
- Wer könne Unterstützer des Projektes sein? (Positive Klassifizierung)

Konkret muss die Stakeholder-Analyse auf folgende Fragen Antworten bieten:

- Welche Medien/Personen berichten wie über das Vorhaben?
- Welche Historie haben ähnlich geartete Projekte in der Region, Land oder auf Bundesebene?
- Welcher der lokalen politischen Entscheidungsträger ist Befürworter, wer ist Gegner?
- Welchen Anspruchsgruppen müssen diese gerecht werden?
- Wie sieht die Soziostruktur in der Region aus? (Altersdurchschnitt, Bevölkerungsentwicklung, Geburtenrate, Bildungswanderung und Arbeitsmarktentwicklung etc.)

b) Bestandsaufnahme der Rahmenbedingungen

Erst wenn die Rahmenbedingungen bekannt sind, kann entschieden werden, welcher Ansatz der Bürgerbeteiligung gewählt werden sollte, um einerseits ihrer integrativen und Akzeptanz schaffenden Funktion gerecht zu werden und andererseits ausreichend Planungssicherheit zu gewährleisten. Dafür ist die Einbindung lokaler Expertise unabdingbar. Es gilt zu klären, welche Aspekte verhandelbar sind, welche Entscheidungsspielräume existieren, welche finanziellen und personellen Ressourcen zur Verfügung stehen, und nicht zuletzt, ob die denkbare Beteiligung in den Zeitrahmen des Projekts passt.

Die Klärung dieser Fragen sollte schon in der frühsten Vorbereitungsphase des Raumordnungsverfahrens bzw. des Planfeststellungsverfahrens erfolgen. Denn der Projektträger darf bei dieser umfangreichen Bestandsaufnahme nicht seine eigenen Ziele und Zeitpläne aus den Augen verlieren: Eine Ausweitung der Beteiligung auf beliebig viele Aspekte wird im Ergebnis zu einer zeitlichen Verzögerung des Projekts führen und weiteres Misstrauen in den Anspruchsgruppen schüren.

In dieser Phase sollten zudem Ideen entwickelt werden, wie die Projektträger überhaupt eine stärkere Beteiligung der potenziell Betroffenen erreichen können. Die heterogenen Zielgruppen müssen angemessen angesprochen werden. Welche Ansprache ist also jeweils notwendig, damit in einem frühen Stadium des Projekts Interesse generiert wird? Welche fachliche Übersetzungsleistung muss erbracht werden? Denn Misstrauen gegenüber einem Vorhaben entsteht in vielen Fällen – neben der zu späten Einbindung der Bevölkerung – aufgrund einer mangelnden (fachlichen) verständlichen Darstellung für die technischen Hintergründe und Prozesse. Es kann nicht vorausgesetzt werden, dass fachliche Termini bei allen definierten Anspruchsgruppen bekannt und verankert sind. Auch die zukünftigen positiven Auswirkungen, die das Projekt auf die Region haben kann, die Arbeitssicherheit und das soziale Wohlbefinden müssen klar herausgearbeitet werden. Dafür müssen diese Argumente der reinen Faktenebene entrissen und mit emotionalen Aspekten aufgeladen werden. Aufgabe der Projektverantwortlichen ist es an dieser Stelle zu »übersetzen«.

Zudem müssen Ideen entwickelt werden, wie Projektbefürworter unter den Bürgern überhaupt motiviert werden können, sich im Rahmen von Veranstaltungen selbstbewusst einzubringen. Denn: wer »für« etwas ist, sieht häufig nicht die Notwendigkeit seine Stimmen zu erheben.

c) Organisation des Beteiligungsmanagements

Bürgerbeteiligung bzw. Informationsvermittlung ist ohne eine gute Organisation nicht möglich. Diese ist notwendig, um bei allen Beteiligten mehr Klarheit und Verbindlichkeit zu erzeugen. Auf Basis der Stakeholder-Analyse und der Bestandsaufnahme sollte geklärt werden, wer, wann und hinsichtlich welcher Fragestellung in den Entscheidungsprozess eingebunden werden soll. Im Vorfeld müssen u. a. folgende Fragen geklärt werden:

- Wer übernimmt die Organisation der Beteiligung?
- Wer ist für welche Schritte verantwortlich?
- Wie ist die Arbeitsteilung untereinander?
- Wie sieht der Zeitplan genau aus?

Ein großes Missverständnis auf Seiten der Bauherren ist, dass Beteiligung »nebenbei« passieren kann. Vielmehr muss Bürgerbeteiligung eine feste Größe im Projektplan jedes Vorhabens sein, indem verantwortliche Zuständigkeiten klar definiert werden. Zu der organisatorischen Planung gehören die Schaffung von Budgetmitteln einerseits sowie andererseits fachlich und kommunikativ geschulte Mitarbeiter, die für den gesamten Zeitraum des Projekts für alle Maßnahmen der Bürgerbeteiligung zuständig sind. Diese sollten speziell darauf vorbereitet werden, in die angemessene Kommunikation mit den verschiedenen Zielgruppen treten zu können. Die Kommunikatoren des Projekts sind letztlich der Schlüssel für den Vertrauensaufbau und somit für die erfolgreiche Umsetzung des Projekts.

Der Projektplan dient also dazu, konkrete Verantwortlichkeiten zu definieren und Arbeitspakete zu bündeln. Zudem sollte er Synergien berücksichtigen, sodass bestimmte Konflikte in einem Verfahren gemeinsam gelöst werden können.

d) Die Prozessgestaltung

Die Planung der Prozessgestaltung im Vorfeld ist notwendig, um Möglichkeiten und Grenzen des Beteiligungsprozesses abzustecken.

Diese Ausgestaltung findet auf einer internen sowie auf einer externen Ebene statt: Intern sollten im Vorfeld Projektrollen bestimmt werden. So muss beispielsweise klar definiert sein, welche Mitarbeiter für die jeweiligen kommunikativen Schritte zuständig sind, wer organisatorische Aufgaben wahrnimmt und wer den direkten Dialog koordiniert und als Ansprechpartner vor Ort fungiert. In regelmäßigen internen Terminen sollte zudem der weitere Beteiligungsprozess koordiniert und die Einhaltung des Zeitplans überwacht werden.

Auf der externen Ebene muss der Beteiligungsprozess hinsichtlich der unterschiedlichen Themen, Zielgruppen und Zeitfenster geplant werden. Wer (der verschiedenen Anspruchsgruppen) wird zu welchem Zeitpunkt, an welcher Entscheidung, in welcher Form und in welchem Rahmen beteiligt?

In welchen Konstellationen soll der Austausch zu bestimmten Themen am besten stattfinden?

Infokasten:

Zusammenfassend ermöglichen die vorbereitenden Maßnahmen, das Konzept der Bürgerbeteiligung nach fünf Einflussbereichen zu strukturieren:

- Sachlich: Was ist das Ziel der Beteiligung?
- Sozial: Wer sind die relevanten Akteure?
- Zeitlich: Welche Laufzeit hat das Projekt?
- Instrumentell: Welche Maßnahmen und Veranstaltungen sollen stattfinden?
- Räumlich: Wo sollen die Veranstaltungen bzw. Ereignisse stattfinden?

2. Aufbau eines Vertrauenszyklus

Die ausführliche Analyse im Vorfeld dient dazu, sich ein ausführliches Bild über die Lage vor Ort zu machen und somit Bedürfnisse und Befindlichkeiten aller Betroffenen in die Gesamtstrategie mit einzuplanen. Die Kenntnis der Sorgen, Ängste und Bedürfnisse ermöglicht erst einen Dialog mit den unterschiedlichen Anspruchsgruppen und eine punktgenaue Kommunikation. So kann ganz gezielt ein Vertrauenszyklus aufgebaut werden, indem relevante Argumente, relevante Zielgruppen erreichen. Dies vermittelt die eine, wichtige Botschaft: »Wir nehmen die Ängste und Bedürfnisse der Gegner sehr ernst und bieten Lösungen.« Die Diskussion wird versachlicht, ohne teilnahmslos zu sein, Vertrauen und Akzeptanz werden aufgebaut, gemeinsame Lösungen können entwickelt werden. Aus diesem Grund kommt dem Dialog mit betroffenen Bürgern, Interessengruppen, Verbänden und Politik eine verstärkte Aufmerksamkeit zu. Dies alles erhöht die Planungssicherheit für das Gesamtprojekt.

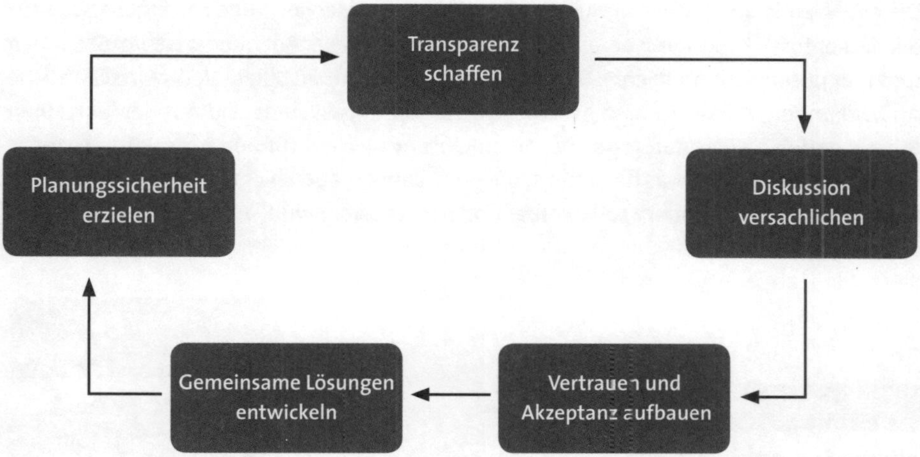

Der analytische Weg des Dialogs

Der Dialog mit Stakeholdern ist zentral und muss transparent, glaubwürdig und dauerhaft geführt werden. Um alle Akteure gleichermaßen integrieren und involvieren zu können, wird der Dialog idealerweise in drei Phasen unterteilt:

Erstens werden bei den in der Analyse identifizierten Anspruchsgruppen durch Interviews oder Befragungen ihre Ängste und Bedürfnisse herausgearbeitet. Diese Phase dient dem Erfassen konträrer Interessen und daraus resultierenden Zielen aller Zielgruppen.

Zweitens werden die Ergebnisse aus den Interviews ausgewertet, um eine aggregierte, faktenbasierte Übersicht über die einzelnen Konfliktlinien zu erhalten. Auf dieser Basis können verschiedene Szenarien abgeleitet werden, die auf mögliche Diskussionsverläufe und Entwicklungen vorbereiten. Ziel ist es, zu jedem Szenario ein Bündel von alternativen Lösungsvorschlägen zu entwickeln, damit sich Fronten gar nicht erst verhärten und das Projekt nicht Gefahr läuft, ins Stocken zu geraten.

Durch die detaillierte Vorbereitung können nun drittens verschiedene, zielgruppengerechte Dialogformate initiiert werden, die zum Ziel haben, alle von dem Projekt Betroffenen an einen Tisch zu bringen und damit eine vertiefende Diskussion der Interviewergebnisse und der Szenarien zulässt (siehe Beitrag K. Sinemus, S. 75).

Anlässlich des Dialogforums können Argumente direkt ausgetauscht und alternative

Lösungsansätze diskutiert und bewertet werden. Dies führt zu einer Versachlichung der Diskussion und damit zu einer gegenseitigen Akzeptanz von konträren Positionen.

Die Blackbox transparent machen

Die Analyse mitsamt Datensammlung, Auswertung der Interviews und den Ergebnissen aus den Dialogforen kann somit als Input bezeichnet werden, der notwendig ist, um Szenarien und Prognosen zum möglichen Verlauf der Diskussion zu erstellen. Volkswirtschaftliche Auswirkungen, Auswirkungen auf das Wertschöpfungssystem und auf den einzelnen Bürger gelten als Output. Input wie auch Output werden für alle beteiligten Akteure verständlich gemacht, was dazu führt, dass das Bauvorhaben nicht mehr länger wie eine Blackbox erscheint, sondern kalkulierbar und beherrschbar wird. Ängste werden auf allen Seiten reduziert.

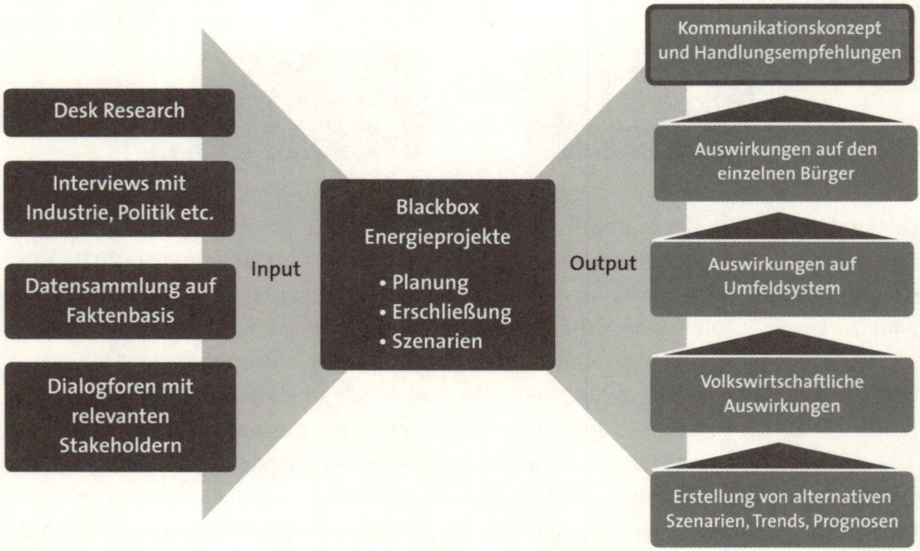

3. Strategiekonzept entwickeln – Maßnahmen umsetzen

Ein Strategiekonzept bildet das Bündel von taktischen Kommunikationsmaßnahmen, um innerhalb des Projektzeitraums bewusst geplante und langfristig angelegte Kommunikation durchzusetzen. Von klassischen PR-Werkzeugen über die Einbindung des Web 2.0 bis hin zu Partizipations- und Mediationsverfahren kann dann eine Vielzahl von Dialog- und Kommunikationswerkzeugen zum Einsatz kommen. Ziel ist es, Aufmerksamkeit zu wecken und in den dauerhaften Dialog mit allen Beteiligten zu treten um Glaubwürdigkeit herzustellen und im Idealfall Zustimmung für das Bauvorhaben zu generieren. Die Bandbreite der möglichen Maßnahmen kann – im Sinne des Konzepts der Bürgerbeteiligung – zwischen der reinen Informationsvermittlung, der Konsultation und der Kooperation zwischen Projektverantwortlichen und Stakeholdern untergliedert werden. Unabhängig davon, welches Instrument zum Einsatz kommt: Die Projektverantwortlichen müssen ihre eigene Position im Blick behalten und dementsprechend formulierte Botschaften für die jeweiligen Anspruchsgruppen vorbereiten.

1. Informationsvermittlung

Klassische PR-Maßnahmen

Zu klassischen PR-Maßnahmen zählen natürlich handwerkliche Arbeit wie der Versand von Pressemitteilungen, die Organisation von Presseveranstaltungen und die Herstellung direkter Medienkontakte, aber auch – je nach Bedarf – die Vernetzung und Betreuung unterschiedlicher Plattformen im Web 2.0, der Einsatz von Erlebniskinos oder visuelle, interaktive Simulationen, die die Zukunft der Region darstellen. Da größere Bauvorhaben stets in eine bestimmte Region und damit in das Leben der dort lebenden Menschen eingreifen, muss der Kontakt zur Lokalpresse besonders intensiv gepflegt werden. Denn hier ist das Interesse für Informationen schon in der Planungsphase sehr groß. Diesem Bedürfnis muss der Projektverantwortliche von Beginn an nachkommen, um langfristig Akzeptanz zu fördern. Meist ist es eine Handvoll von Redakteuren bzw. Redakteurinnen, die sich mit dem Thema regelmäßig beschäftigen, mit denen der direkte Austausch stattfinden sollte. Dafür ist es förderlich, einen ständigen Presseansprechpartner vor Ort zu haben, der auch spontan für Rückfragen oder Interviewtermine zur Verfügung steht. Eine solche Informationspolitik wird sich dann auch in einer ausgewogenen Berichterstattung niederschlagen, die Pro- und Kontra-Argumente zu dem Projekt darstellt und nicht einseitig in einer Position verharrt.

An dieser Stelle können die Ergebnisse aus der Analyse konkret genutzt werden, indem Meinungsführer angesprochen und gemeinsame Schnittmengen eruiert werden. Dies kann langfristig zu einer erfolgreichen Allianzbildung führen.

Informationsmaterialien

Neben der Pressearbeit sollten auch klassische Informationsmaterialien wie Flyer und Prospekte zum Einsatz kommen, um für eine lückenlose Information über das Bauvorhaben zu sorgen. Der Vorteil: Diese Informationen können zu verschiedenen Anlässen eingesetzt werden und bilden damit eine dankbare Ergänzung. Denkbar ist auch, eine ständige Ausstellung zu dem Vorhaben zu organisieren, da dort ein vielseitiger Medieneinsatz möglich ist und somit auch komplexe Sachverhalte verständlich aufbereitet werden

können. Hierfür bedarf es eines Teams von Mitarbeitern, die sich mit der inhaltlichen Aufbereitung und Organisation der Ausstellung beschäftigen und diese bei Bedarf auch erweitern. Wichtig ist, dass die Ausstellung an einem Ort platziert ist, wo reger Publikumsverkehr herrscht, und sie somit viel Aufmerksamkeit findet.
Zusätzlich sollten Interessierte die Möglichkeit haben, sich online über alle aktuellen Entwicklungen und relevanten Informationen bezüglich des Projekts zu informieren.

Informationsvermittlung online

Ein Großteil der Interessierten Bürger wird zur Informationsbeschaffung online recherchieren. Damit die Projektverantwortlichen dort nicht die Deutungshoheit aus der Hand geben, muss im Vorfeld dafür gesorgt werden, dass die Onlinekommunikation gebündelt wird. Dies geschieht am besten, indem auf einer Internetseite alle relevanten und vor allem aktuellen Informationen zum Projekt bereitstehen und diese suchmaschinenoptimiert platziert sind. Nur so kann dafür gesorgt werden, dass Interessierte durch die Eingabe relevanter Keywords auf die entsprechende Seite gelangen. Die ansprechende und aktuelle Aufbereitung der Inhalte sorgt dafür, dass die Nutzer die Seite als verlässliche Informationsquelle einstufen und regelmäßig besuchen. So wird die Kommunikation zu dem Bauprojekt kanalisiert und ein Beitrag zur Deutungshoheit im Netz geleistet. Der Informationswert einer Seite wird sich für die Nutzer nach folgenden Kriterien ausrichten:

- Sind die Kontaktdaten und Aufgabenbereiche der wichtigsten der am Beteiligungsprozess mitwirkenden Personen erkenntlich?
- Sind die Eckpunkte zum Projekt auf den ersten Blick erkennbar sowie alle Informationen zum aktuellen Stand der Planungsphase?
- Ist die Navigation der Seite dementsprechend übersichtlich gestaltet?
- Bietet die Seite durch Visualisierung komplexer Sachverhalte einen Mehrwehrt für das Verständnis zum Gesamtprojekt?
- Ist für den Besucher ersichtlich, zu welchem Zeitpunkt er sich noch selbst im Beteiligungsprozess einbringen kann?

2. Konsultation

Web 2.0

Aktivitäten auf sozialen Netzwerken wie Facebook oder Twitter können darüber hinaus, je nach Zielgruppe, die geeigneten Plattformen für den konstruktiven Dialog bieten. Neben der reinen Platzierung von Inhalten ist es hier ebenso möglich, offensiv zur Diskussion einzuladen und somit online mehr Beteiligung zuzulassen. Ebenso können über diese Kanäle auf recht unkomplizierte Weise Meinungsumfragen erfolgen. Für diese Form der

Kommunikation sind jedoch nicht unerhebliche finanzielle und personelle Ressourcen notwendig, denn ein Team von Mitarbeitern muss die Community ständig auf dem Laufenden halten und Fragen direkt beantworten. Außerdem muss angemessenes Erwartungsmanagement betrieben werden: Die Grenzen des Dialogs müssen auch hier von Beginn an kommuniziert werden, um zu vermeiden, dass die Diskussion ausufert und nicht Vertrauen, sondern Misstrauen gegenüber dem Vorhaben gefördert wird.

Kontinuierliche Beteiligungsforen

Wenn sich in einem Bauvorhaben größere Konflikte abzeichnen, kann es sich als sinnvoll erweisen, regelmäßige Beteiligungsforen ins Leben zu rufen. Diese können in Form von Dialogforen oder in einem kleineren Kreis an einem sogenannten »runden Tisch« stattfinden. Auf Basis der Stakeholder-Analyse wird entschieden, welche Personen und Gruppen zu dieser regelmäßigen Veranstaltung eingeladen werden. Moderiert wird die Diskussion durch einen Mediator, der gewährleistet, dass alle Akteure angemessen berücksichtigt werden und zu Wort kommen. Die kontinuierlichen Beteiligungsforen können ganz verschiedene Funktionen erfüllen: Sie können der reinen Informationsvermittlung dienen, indem Unterlagen wie Gutachten dort diskutiert werden. Es kann aber auch gemeinsam an Lösungen gearbeitet werden. Die Verbindlichkeit der möglichen Ergebnisse des Dialogforums muss vom Projektverantwortlichen im Vorfall geklärt werden.

3. Mediationsverfahren

In den Fällen, in denen der frühzeitige Dialog zwischen Bürgern und Projektbetreibern nicht genutzt wurde oder gar gescheitert ist, kann noch die Karte der Mediation gezogen werden. Das Mediationsverfahren kommt in der Regel zum Einsatz, wenn es schon zu einer konflikthaften Situation gekommen ist. In dem Fall haben sich die Konfliktlinien bereits verhärtet und es bedarf eines unabhängigen Mediators, um alle Akteure (wieder) miteinander ins Gespräch zu bringen oder um hartnäckige Konflikte zu lösen und Rechtsstreitigkeiten zu verhindern. Das Mediationsverfahren geht dementsprechend klar über die reine Informationsvermittlung und Konsultation hinaus. Es wird versucht, zwischen den Parteien zu vermitteln und gemeinsame Lösungen zu finden. Je nach Ausmaß des Konfliktes kann ein solches Verfahren öfter zum Einsatz kommen. Es sollte jedoch nicht als eine regelmäßige Veranstaltung etabliert werden, da sich durch eine Aneinanderreihung erfolgloser Mediationsverfahren die Frustration bei allen Beteiligten tendenziell erhöht und der Eindruck entsteht, dass es keine gemeinsamen Lösungen geben wird. Dies würde den Planungsprozess stark verzögern.

Fazit:
»Gegen den Willen der Menschen wird es keine weiteren Bau- und Großprojekte geben können«, dieses Statement des Staatssekretärs im Wirtschaftsministerium Rheinland-Pfalz, Alexander Schweitzer, am 4. Juni 2010 im SWR-Fernsehen wurde durch viele Erfahrungen aus den letzten Jahren bestätigt. Dass der frühzeitige Kontakt zur Bürgerschaft und das Aufsetzen einer zielgerichteten Projektkommunikation die Erfolgsgaranten für Bau-, Energie- und Großprojekte sind, ist sicherlich keine neue Erkenntnis. Allerdings wird sie nach wie vor in vielen Fällen nicht mit Leben gefüllt. Ist die Beziehung zur Bevölkerung erst einmal gestört, läuft die weitere Kommunikation ins Leere. Dieses Risiko kann mit einfachen, aber systematisch eingesetzten Werkzeugen reduziert werden und ist ein Erfolg versprechendes Handwerk.

Wer in der Früh- und der Entstehungsphase eines Projektes keine Öffentlichkeitsarbeit betreibt, kann kein langfristiges Vertrauensverhältnis in der Bürgerschaft aufbauen. Wenn unter den Bürgern keine Projektunterstützer gewonnen werden und die Unterstützergemeinde keine Fürsprecher erhält, werden letztlich nur noch die Gegner die Deutung über das Projekt behalten. Die Anzahl ihrer Mitstreiter erhöht sich und die häufig vorhandene schweigende Mehrheit verliert gegenüber der lautstarken Minderheit den Kampf um die Deutungshoheit.

Es gibt heute zahlreiche Möglichkeiten, um mit den Bürgern in den Dialog zu treten und Vertrauen aufzubauen. Eine Grundregel überlagert jedoch in solch technischen Projekten alles: Kommunikation ist keine Nebensache!

Exkurs: Frühzeitige Bürgerbeteiligung in der Raumordnung?

von Prof. Dr. Axel Priebs, Leiter Dezernat III, Stadt Hannover

Mit der Novellierung des Raumordnungsgesetzes (ROG) wurde 1998 auf Bundesebene die Möglichkeit einer Öffentlichkeitsbeteiligung in der Raumordnung, d. h. in der Landes- und Regionalplanung, geschaffen. Damit trug der Gesetzgeber dem Umstand Rechnung, »dass die angestrebte stärkere Umsetzungsorientierung der Raumordnung und die vorgesehene Erhöhung ihrer Bindungswirkungen eine stärkere Einbeziehung der Öffentlichkeit in raumordnerische Prozesse voraussetzt«[1]. Im Zuge der Anpassung verschiedener Gesetze, so auch des Raumordnungsgesetzes, an europarechtliche Vorgaben wurde dann 2004 den Vorgaben der einschlägigen EU-Richtlinien aus dem Jahr 2003 zur verpflichtenden Öffentlichkeitsbeteiligung bei der Aufstellung von Plänen und Programmen Rechnung getragen. Die aktuelle Fassung des ROG[2] enthält in § 10 die Vorschrift, dass die Öffentlichkeit von der Aufstellung eines Raumordnungsplans zu unterrichten und ihr Gelegenheit zur Stellungnahme zum Entwurf des Raumordnungsplans und seiner Begründung zu geben ist.

Aber wie ist es überhaupt zu einer gesetzlichen Verankerung der Bürgerbeteiligung bei der Raumordnung gekommen und vor allem, wie sehen die praktischen Möglichkeiten – aber auch Grenzen – von dieser Bürgerbeteiligung heute aus? An dieser Stelle wird die Position vertreten, dass Bürgerbeteiligung nur dann einen Sinn macht, wenn sie schon sehr frühzeitig erfolgt. Auf die möglichen Konsequenzen und Fragen früher Bürgerbeteiligung, soll der folgende Beitrag Aufschluss geben.

1. Von Ablehnung zu Akzeptanz: Die Debatte um Bürgerbeteiligung

Vor den genannten ROG-Novellen war eine Bürgerbeteiligung in der Landes- und Regionalplanung nicht vorgesehen oder gar vorgeschrieben. Allerdings war in Rechtswissenschaft und Planungspraxis schon längere Zeit über die Notwendigkeit einer solchen Beteiligung diskutiert worden. So widmete sich 1981 ein Themenheft der amtlichen Zeitschrift »Informationen zur Raumentwicklung«[3] der Frage, ob mehr Bürgerbeteiligung in der räumlichen Planung erforderlich sei. Zwar wurde in den Rechtswissenschaften die Frage einer direkten Einbeziehung der Öffentlichkeit in der Raumordnung wegen der nur mittelbaren Wirkung der Raumordnung auf Einzelne und aus verfassungspolitischen

---

1 Aus dem Vorwort von Golo Eckhardt zu: Bundesamt für Bauwesen und Raumordnung (Hrsg.): Öffentlichkeitsbeteiligung bei Programmen und Plänen der Raumordnung. Forschungen Heft 113, Bonn 2003

2 Raumordnungsgesetz vom 22. Dezember 2008 (BGBl. I S. 2986), zuletzt geändert durch Artikel 9 des Gesetzes vom 31. Juli 2009 (BGBl. I S. 2585)

3 Informationen zur Raumentwicklung, Jahrgang 1981, Heft 1/2, herausgegeben von der Bundesforschungsanstalt für Landeskunde und Raumordnung (Vorgängerinstitution des heutigen Bundesamtes für Bauwesen und Raumordnung)

Gründen noch überwiegend ablehnend beantwortet, doch listet BLÜMEL 1982 nicht nur eine respektable Liste von Autoren auf, die sich gegen eine Bürgerbeteiligung in der Landes- und Regionalplanung aussprachen, sondern auch eine entsprechende Liste von Befürwortern.[4] BLÜMEL selbst kommt zu dem Ergebnis, dass bei der »hochstufigen Landesplanung ebenso wie bei der Regionalplanung von einem verfassungsrechtlich bedenklichen Beteiligungsdefizit grundsätzlich nicht gesprochen werden« könne (BLÜMEL 1982, 88), anders sieht er es nur bei landesplanerischen Standortvorsorgeplanungen.

Die Notwendigkeit einer Bürgerbeteiligung wurde Anfang der 1980er-Jahre nicht nur mit Blick auf Raumordnungspläne, sondern auch auf das Raumordnungsverfahren diskutiert. Obwohl auch bezüglich dieses raumordnerischen Prüfverfahrens die herrschende Meinung ablehnend war, befürwortete die Ministerkonferenz für Raumordnung (MKRO) in ihrer Entschließung vom 1. Januar 1983[5] die Bürgerbeteiligung insbesondere für Fälle, in denen raumordnerische Aussagen für Einzelprojekte erfolgten. Allerdings wurde eine mittelbare Bürgerbeteiligung über die örtlich zuständigen Gemeinden favorisiert. Erst mit der UVP-Pflicht wurde die Öffentlichkeitsbeteiligung auch im Raumordnungsverfahren verpflichtend. In ihrem noch recht aktuellen Beschluss vom 24. Oktober 2011[6] hat die MKRO vor dem Hintergrund der Auseinandersetzungen um das Bahnprojekt »Stuttgart 21« die Bedeutung der frühzeitigen Bürgerbeteiligung im Raumordnungsverfahren, das den eigentlichen Genehmigungsverfahren vorgelagert ist, ausdrücklich unterstrichen. Diese »Vorerörterung« zu einem früheren Zeitpunkt sei besonders deswegen wichtig, so die Ministerinnen und Minister, weil das Projekt dann zwar schon konkretisiert, jedoch noch nicht verfestigt und damit noch gestaltbar sei.

Zusammenfassend lässt sich sagen, dass die Bürgerbeteiligung in der Raumordnung nicht nur unumstritten, sondern auch verbindlich geregelt ist. Da einige Träger der Regionalplanung auch schon vor Einführung der verbindlichen Öffentlichkeitsbeteiligung diese freiwillig durchführten, liegen inzwischen langjährige Erfahrungen vor.[7] Allerdings stellt sich auch bei der Aufstellung von Raumordnungsplänen die Frage, zu welchem Zeitpunkt die Bürgerbeteiligung sinnvoll ist vor oder nach den Entwürfen der Behörden? Über diese und andere Fragen gibt die Analyse konkreter Projekte Aufschluss.

4 Blümel 1982, Fußnote 404

5 Entschließung der Ministerkonferenz für Raumordnung »Bürgerbeteiligung in der Raumordnung und Landesplanung« vom 1. Januar 1983

6 Bürgerbeteiligung im Raumordnungsverfahren. Beschluss der 38. Ministerkonferenz für Raumordnung am 24. Oktober 2011 in München

7 Eine frühe Dokumentation hierzu legte das Bundesamt für Bauwesen und Raumordnung im Jahr 2003 vor.

1. Das Beispiel der frühzeitigen Öffentlichkeitsbeteiligung in der dänischen Regionalplanung[8]
Für den vorliegenden Beitrag sind die Erfahrungen aus den 1970er Jahren in Dänemark besonders interessant, weil dort mit der 1974 abgeschlossenen Neuordnung des Planungssystems schon viel früher als in Deutschland eine Bürgerbeteiligung in der Regionalplanung verpflichtend eingeführt wurde. Beeinflusst durch englische und amerikanische Partizipationsansätze wurde in Dänemark schon ganz am Anfang des Planaufstellungsverfahrens eine sehr grundsätzliche öffentliche Diskussion initiiert. Dabei zeigen die dänischen Erfahrungen sowohl die Möglichkeiten als auch die Grenzen einer intensiven und frühzeitigen Öffentlichkeitsbeteiligung in der Raumordnung auf.

Das Gesetz verpflichtete die Träger der Regionalplanung, die Amtskommunen9, zu Beginn des Planungsprozesses einen Bericht über die Planungsgrundlagen sowie alternative Planungsentwürfe zu erarbeiten und in einer 6-monatigen Öffentlichkeitsphase zur Diskussion zu stellen. Entsprechend der in den 70er-Jahren in Dänemark vorherrschenden Tendenz der Stadt-Land-Wanderungen spielte bei den alternativen Planentwürfen die künftige Siedlungsstruktur in so gut wie allen Regionen eine zentrale Rolle. Häufig wurden seitens der Regionalplanung mindestens drei siedlungsstrukturelle Alternativen vorgelegt und zur Diskussion gestellt. Exemplarisch zeigt Abbildung 1 die vier siedlungsstrukturellen Alternativen der Region West-Seeland (Vestsjællands amtskommune). Einer auf starke Dezentralisierung ausgerichteten Skizze stehen hier drei unter verschiedenen Aspekten stärker auf Konzentration ausgerichtete Skizzen gegenüber.

8 Vgl. hierzu auch Priebs 1991 und Priebs 2000

9 Entsprechendes wie für die Amtskommunen gilt natürlich auch für die Region Kopenhagen, wo die Regionalplanung nicht in den Händen der Amtskommunen, sondern des Hauptstadtrates als regionaler Planungsinstitution lag.

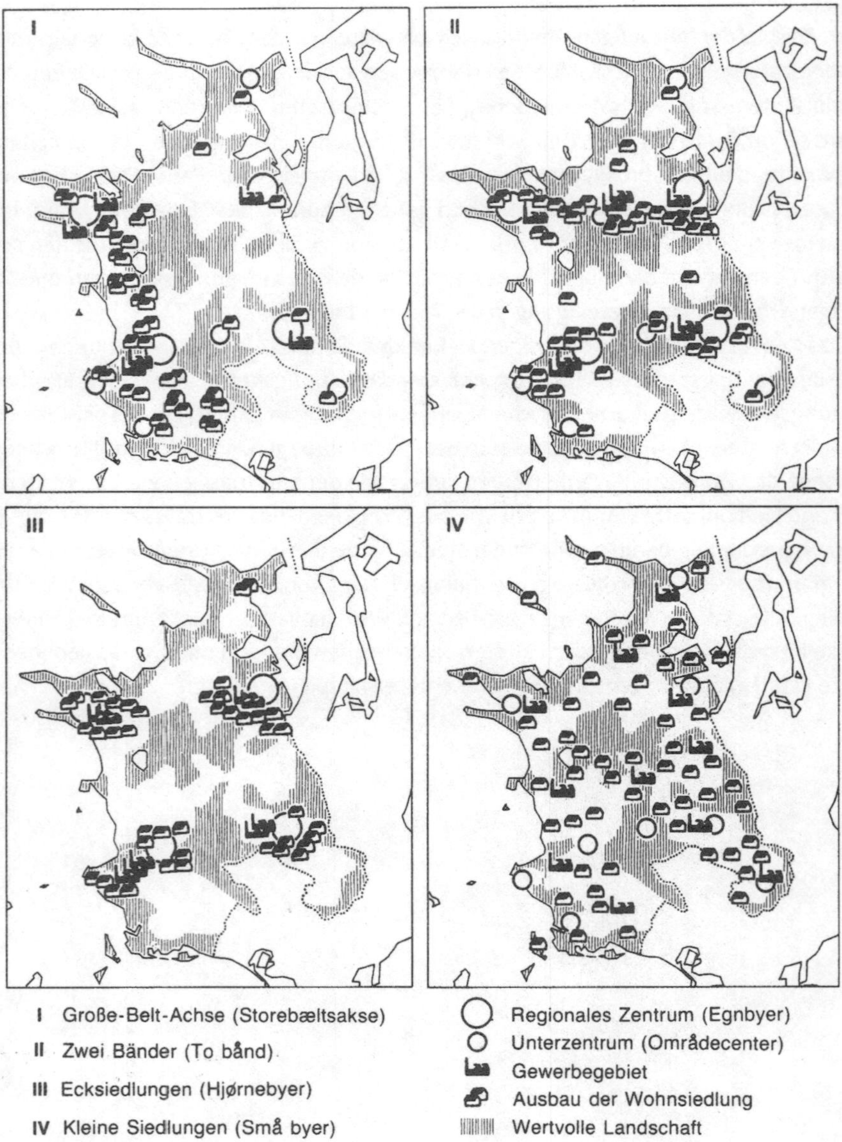

Abb. 1: Illustration der Region West-Seeland (Vestsjællands amtskommune) mit 4 alternativen Siedlungsstrukturmodellen aus dem Jahr 1977

In allen dänischen Regionen wurde die Öffentlichkeitsbeteiligung sehr breit angelegt. Übliche Instrumente der Amtskommunen waren öffentliche Ideenwettbewerbe, Bürgerversammlungen, Volkshochschulkurse und Material für Schulklassen (vgl. hierzu ILLERIS 1981). Wie schon die Wahl des Themenschwerpunktes »regionale Siedlungsstruktur« zeigt, wurden durchaus komplexe und anspruchsvolle Themen vermittelt und diskutiert. Auch darüber hinaus wurden in den regionalen Diskussionen weitreichende gesellschafts- und raumordnungspolitische Fragen angeschnitten, die hohe Ansprüche sowohl an die Bürgerinnen und Bürger als auch an die Planungsinstitutionen stellten. Letztere entwickelten ein beeindruckendes Engagement, die Menschen zur Teilnahme an der Diskussion zu motivieren. Im Beispielfall der Region West-Seeland wurde die 6-monatige Öffentlichkeitsphase Anfang 1977 damit eingeleitet, dass der Presse die vier alternativen Skizzen für die zukünftige Raumstruktur vorgestellt wurden. Es folgten eine breit angelegte Anzeigenkampagne sowie der Versand einer Diskussionszeitung an alle Haushalte, in der vertieft über Inhalte und die Mitwirkungsmöglichkeiten der Bürger informiert wurde; als Anreiz zur Mitwirkung wurden auch Bürgerwettbewerbe ausgelobt. Mit 47 öffentlichen Informationsveranstaltungen konnten fast 4.800 Bürger erreicht werden. Überall in der Region bildeten sich Bürger-Arbeitsgruppen, die insgesamt 63 Berichte mit Stellungnahmen und Anregungen zur Regionalplanung abgaben. Landesweit gelang es nach ILLERIS (1981, 65), rund 100.000 Bürgerinnen und Bürger für diese gelegentlich als trocken geltende Materie zu gewinnen, was zweifelsohne einen großen Erfolg darstellt.

Allerdings zeigt sich die Kehrseite des gewählten Verfahrens darin, dass der landesweit überwiegende Wunsch nach stärkerer Dezentralisierung der Siedlungsstruktur auf deutliche Widerstände in der staatlichen Administration stieß, die teils eine Zersiedelung der Landschaft befürchtete und teils die hohen Kosten etwa bei einer Wiedereröffnung stillgelegter Nebenbahnen in den ländlichen Regionen fürchteten. Eine Möglichkeit, staatliche Stellen zu einer Kursänderung zu zwingen, hatte die Regionalplanung nicht. Auch die Amtskommunen selbst als Träger wesentlicher Einrichtungen der Daseinsvorsorge verhielten sich ambivalent und setzten sich nur zögerlich für mehr Dezentralisierung ein. Es liegt auf der Hand, dass diese Entwicklung Enttäuschung und Unzufriedenheit bei den Bürgerinnen und Bürgern hervorrufen musste. Deswegen lehren die dänischen Erfahrungen, dass bei den Bemühungen um eine aktive Einbeziehung der Bürgerinnen und Bürger nicht zu hohe, letztlich nicht erfüllbare Erwartungen an die Regionalplanung geweckt werden, weil darunter letztlich auch deren Glaubwürdigkeit zu leiden hätte.

2. Der Ansatz zur frühzeitigen Öffentlichkeitsbeteiligung bei der Aufstellung des Regionalen Raumordnungsprogramms für die Region Hannover[10]

Bereits im Aufstellungsverfahren für ihr 2006 in Kraft getretenes Regionales Raumordnungsprogramm (RROP 2005) hatte die Region Hannover einige Elemente der Öffentlichkeitsbeteiligung eingebaut. Zwar fiel dieses Aufstellungsverfahren noch nicht unter die Pflicht zur UVP und zur Öffentlichkeitsbeteiligung, doch setzte die Regionsverwaltung auch damals schon auf einige öffentliche Diskussionsveranstaltungen an unterschiedlichen Orten der Region zur Beteiligung der Öffentlichkeit. Auch wurde ein gut verständliches Faltblatt für die Öffentlichkeit entwickelt und breit verteilt. Allerdings ist ein solcher Ansatz aus heutiger Sicht als nicht mehr ausreichend zu bezeichnen. Angesichts des gestiegenen Bürgerengagements bei Großprojekten wie beispielsweise »Stuttgart 21« war der Region Hannover für die Neuaufstellung des RROP 2015 klar, dass eine frühzeitige und breiter angelegte Beteiligung der Bürgerinnen und Bürger erforderlich sein würde, um später eine möglichst hohe Akzeptanz in der Öffentlichkeit zu erreichen.

Mit der Neuaufstellung des Regionalen Raumordnungsprogramms steht die Region angesichts des rasanten gesellschaftlichen und wirtschaftlichen Wandels vor weit reichenden Herausforderungen bezüglich der konkreten Raumansprüche und der Erwartungen an eine zukunftsfähige Raumentwicklung. Besonders hervorzuheben sind der Klimawandel und die Energiewende, die demografische Entwicklung, die Sicherung der Daseinsvorsorge und der Schutz des Freiraumes. Da eine solche anspruchsvolle und komplexe Aufgabe nicht nur im Rahmen eines förmlichen Aufstellungsverfahrens für das eigentliche Raumordnungsprogramm bewältigt werden kann, sollte dem Planaufstellungsverfahren ein »Zukunftsbildprozess« vorgeschaltet werden. Schon für diesen vorgelagerten Prozess sollten besondere Beteiligungsangebote für die Regionsgesellschaft initiiert werden. Da dieser Ansatz einer Öffentlichkeitsbeteiligung auf regionaler Ebene auch dem Bundesministerium für Bau, Verkehr und Stadtentwicklung (BMVBS) interessant erschien, erhielt die Region im Rahmen der Nationalen Stadtentwicklungspolitik für ihr Konzept den Zuschlag für eine Förderung. Damit stehen neben den Regionsmitteln auch Bundesmittel für ergänzende Beteiligungsformate und -methoden zur Initiierung einer breiten zivilgesellschaftlichen Diskussion und damit für die Durchführung eines umfangreichen Bürgerbeteiligungsprozesses auf Regionsebene zur Verfügung.

10 Ein Teil dieses Abschnitts basiert auf der Informationsdrucksache 0189/2012 der Region Hannover, an der der Verfasser inhaltlich beteiligt war und für die er verwaltungsseitig verantwortlich ist.

Für den Zukunftsbildprozess wurden von der Regionsverwaltung fünf inhaltliche Kernthemen identifiziert, auf die sich auch die Veranstaltungen und Materialien konzentrieren und die wesentliche Arbeits- und Konfliktfelder der Regionalplanung abdecken:

- Klimaschutz und Klimavorsorge: Zu diesem Thema lag der Auftrag der Regionsversammlung aus dem Klimaschutzrahmenprogramm vor, das neu aufzustellende RROP 2015 unter dem Aspekt des Klimaschutzes zu optimieren. Die regionalplanerischen Festlegungen sollen die Gesichtspunkte der Klimavorsorge und CO_2-Minderung, der Anpassung an den Klimawandel sowie der Flächenvorsorge für erneuerbare Energien berücksichtigen.[11]
- Nachhaltige Steuerung der Siedlungsentwicklung Themen sind die Zersiedlung der Landschaft, die Reduzierung des Flächenverbrauchs für Siedlungs- und Verkehrszwecke, die Lenkung der notwendigen Flächenneuinanspruchnahme auf bereits besiedelte Gebiete sowie die Nutzungsmischung.
- Freiraumschutz und Kulturlandschaften: In einem Verdichtungsraum bestehen zahlreiche Nutzungsansprüche an den Raum, die eine raumordnerische Koordination erforderlich machen. Der Außenbereich steht zunehmend unter Druck, der aktuell durch privilegierte Vorhaben wie Intensivtierhaltungsanlagen und Anlagen für erneuerbare Energien, aber auch Leitungstrassen zunimmt. Dabei stellt sich auch die Frage der Weiterentwicklung der traditionellen Kulturlandschaften.
- Daseinsvorsorge und demografischer Wandel: Angesichts der demografischen Entwicklung und knapper werdender Ressourcen stellt sich die Frage, wie die vorhandene Infrastruktur besser ausgenutzt und dadurch erhalten werden kann, und wie die örtlichen Zentren als Standorte von Handel und Dienstleistungen sowie der Daseinsvorsorge gestärkt werden können.
- Wirtschaftliche Entwicklung und Arbeitsplätze: Voraussetzung für einen hohen Lebensstandard in der Region Hannover ist neben den Wohn- und Freiraumqualitäten auch eine nachhaltige Sicherung der wirtschaftlichen Entwicklung und der Beschäftigung. Deswegen müssen auch Überlegungen angestellt werden, wo und wie flächenintensive Arbeitsstättenschwerpunkte (z. B. für produzierendes Gewerbe, Dienstleistungen und Logistik) sowie Einrichtungen für die Verbindung von Forschung und Produktion lokalisiert werden können.

Diese fünf Kernthemen haben einen zentralen Stellenwert für das zu erarbeitende Zukunftsbild. Zu jedem dieser Kernthemen wurden innerhalb der Regionsverwaltung von den verschiedenen raumbezogen arbeitenden Einheiten gemeinsame Ausgangspositionen erarbeitet. Für die prozessuale und inhaltliche Begleitung des gesamten Zukunftsbildpro-

11 Die Ausrichtung als klimaoptimiertes RROP wird in der Informationsvorlage Nr. 0157/2011 (III) der Region Hannover ausführlich dargestellt

zesses wurde eine externe Bürogemeinschaft ausgewählt, die die unterschiedlichen Beteiligungsformate in Abstimmung mit dem Team Regionalplanung der Regionsverwaltung erarbeitet hat, die einzelnen Veranstaltungen professionell moderiert sowie die Ergebnisse des Zukunftsbildprozesses dokumentiert. Die Ausgangspositionen der Regionsverwaltung stellen die inhaltliche Basis für den Zukunftsbildprozess dar und werden in themen- und zielgruppenorientierten Beteiligungsformaten mit den regionalen Akteuren diskutiert, deren Kenntnisse, Erwartungen und Hinweise wiederum für die inhaltliche Fundierung der Zukunftsbildentwicklung genutzt werden sollen. Die Beteiligung der Öffentlichkeit findet auf mehreren Ebenen statt. Im Zentrum stehen öffentliche Dialoge mit der Regionsgesellschaft in Form von Fachforen zu den fünf Kernthemen des Zukunftsbildprozesses und Bürgerdialogen. Dazu kommen Planungsdialoge mit Experten unterschiedlicher Fachrichtungen aus der Regionsverwaltung, mit Vertretern/-innen anderer Regionalplanungsträger in Deutschland sowie mit den Planerinnen und Planern der 21 regionsangehörigen Kommunen. Schließlich sind die politischen Dialoge mit den Mitgliedern der Regionsversammlung und den Städten und Gemeinden zu betonen.

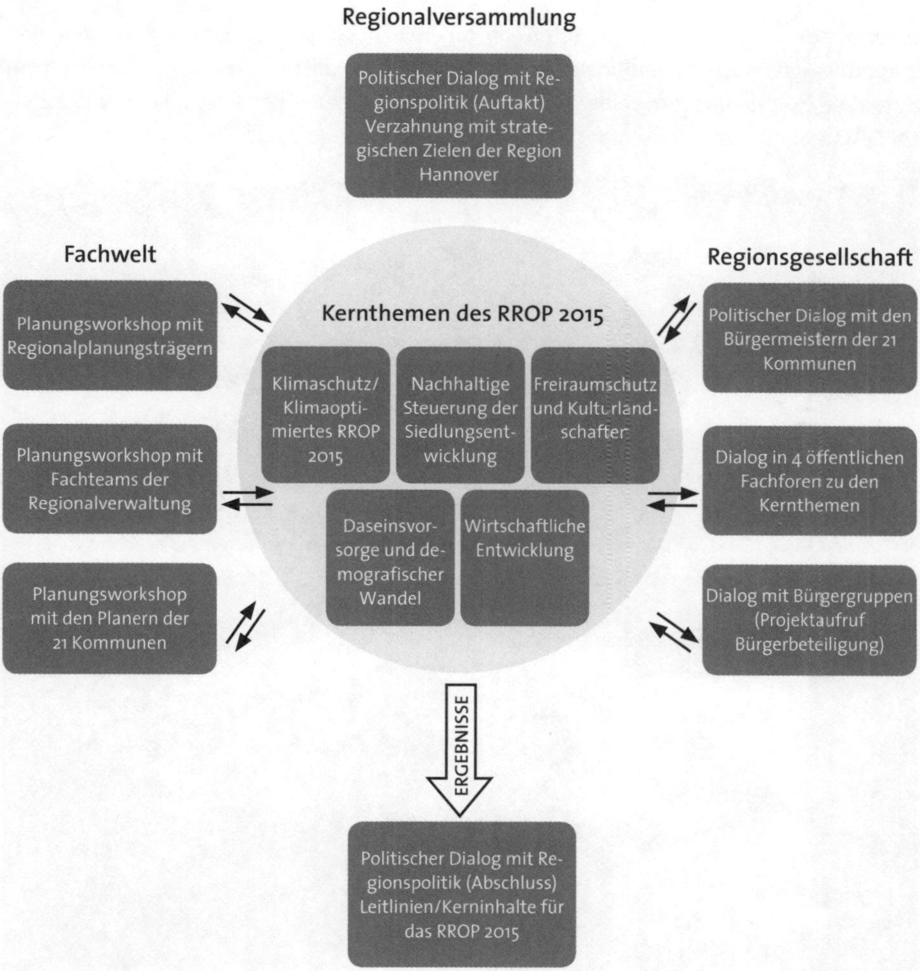

Abb. 2: Schaubild zum Zukunftsbildprozess der Region Hannover

Den Auftakt des Prozesses stellte eine Auftaktveranstaltung im Regionshaus am 12. Juni 2012 dar, an der ca. 200 Menschen, darunter neben Fachleuten und Funktionsträgern sehr viele interessierte Bürgerinnen und Bürger, teilnahmen. Am 1. September 2012 fand das erste Dialogforum zum Thema »Die nachhaltige Region – Freiraum unter Druck« statt. Diese Veranstaltung begann mit dem Angebot an die Bürgerinnen und Bürgern, an einer von Experten/-innen begleiteten Fahrradexkursion im südlichen Teil der Region teilzunehmen. Als Ausgangspunkte wurden drei unterschiedliche Orte angeboten, doch endeten die Exkursionen am selben Punkt, wo sich auf einer »Themeninsel« ein moderierter Diskussionsprozess anschloss.

Abb. 3: Bild von der Fahrradexkursion

Abb. 4: Bild von der Themeninsel

Entsprechend den weiteren vier Kernthemen werden in den kommenden Wochen vier weitere Dialogforen angeboten, die an unterschiedlichen Orten in der Region stattfinden und zum Teil auch wieder mit konkreten Erkundigungen vor Ort verbunden sein werden. Anlässlich des traditionellen Regions-Entdeckertages, der am 9. September 2012 stattfand, wurden Bürgerinnen und Bürger aufgerufen, mit Mitarbeiterinnen und Mitarbeitern der Region zu diskutieren und ihre Positionen zu den fünf Kernthemen auf vorbereiteten Tafeln kund zu tun.

Abb. 5: Bild vom Regions-Entdeckertag

Darüber hinaus wurde für den Zukunftsbildprozess im Rahmen des Projektes zur Bürgerbeteiligung eine Internetseite entwickelt.12 Ihre Aufgaben sind die grundlegende inhaltliche Information zu den Kernthemen des Zukunftsbildprozesses, die zeitnahe Ankündigung von Veranstaltungen sowie die Möglichkeit eines moderierten Internetdialogs. Die Internetseite soll als Plattform für den gesamten Zukunftsbildprozess dienen und über den Bürgerdialog hinaus auch für den Fachdialog genutzt werden. Die ersten Erfahrungen mit den Dialogforen und der Internetbeteiligung stimmen hoffnungsvoll, eine Bilanz ist natürlich erst am Ende des Prozesses möglich.

Die Positionierungen der Regionsverwaltung, die Beiträge aus den Dialogforen, die Hinweise aus den Internetforen und weitere Informationen fließen in den Entwurf eines Zukunftsbildes für die Region Hannover ein, das zum Ende des Prozesses in einer Abschlussveranstaltung öffentlich präsentiert wird. Anschließend wird dieses Zukunftsbild dann in den politischen Beratungsprozess der Regionsversammlung gehen und nach deren Beschlussfassung durch die Festlegungen des Regionalen Raumordnungsprogramms konkretisiert.

3. Bewertung und Ausblick

Wer es mit einer aktiven Rolle und einer echten Mitbestimmung der Bürgerinnen und Bürger bei der Gestaltung von Raum und Umwelt ernst meint, muss mit der Bürgerbeteiligung frühzeitig, d. h. am Beginn des Prozesses beginnen. Dieser Ansatz wurde sowohl in dem erwähnten Beispiel der dänischen Regionalplanung als auch aktuell beim Regionalen Raumordnungsprogramm der Region Hannover gewählt. Die Beteiligung in einer frühen Planungsphase hat den Vorteil, dass viele Themen der Raumentwicklung sehr grundsätzlich

12 www.hannover.de zukunftsbild

diskutiert werden können. Sie hat freilich auch den Nachteil, dass Fragen der Bürgerinnen und Bürger zu konkreten räumlichen Festlegungen in dieser Phase noch gar nicht oder in der Regel nur sehr allgemein beantwortet werden können. Zur Ehrlichkeit in dieser frühen Phase des Planungsprozesses gehört es also, den Bürgerinnen und Bürgern auch deutlich zu machen, dass bis zu konkreten Festlegungen oder sogar Genehmigungen für bestimmte Vorhaben weitere Planungsebenen und Verfahren abzuarbeiten sind und dass bis dahin noch viele Aspekte und Informationen zu verarbeiten sind. Es muss vermittelt werden, dass auf der Ebene eines Raumordnungsplans nur ein Rahmen gesetzt wird bzw. ein Korridor definiert wird, innerhalb dessen viele Ausgestaltungsmöglichkeiten durch Gemeinden und Vorhabenträger liegen. Ähnliches gilt für das Raumordnungsverfahren, dessen Ergebnis in den nachfolgenden Genehmigungsverfahren zwar berücksichtigt werden muss, das jedoch selbst nicht mit einem förmlichen Verwaltungsakt abschließt.

So wichtig es ist, gar nicht erst den Eindruck der »Allmachtkompetenz« der Planung insgesamt und speziell auch der vorgelagerten Raumordnung aufkommen zu lassen, so wenig sollte die Ebene der Raumordnung unterschätzt werden. Schließlich werden dort in vielen Fällen grundsätzliche Weichenstellungen vorgenommen, z. B. die Auswahl zwischen verschiedenen Trassenalternativen, die Festlegung von Freiräumen, die von Bebauung frei zu halten sind, oder die Unterscheidung zwischen Vorrang- und Tabuflächen für Windkraftanlagen. Deswegen muss mit der frühzeitigen Bürgerbeteiligung in der Raumordnung auch Verständnis vermittelt werden für das Ineinandergreifen der verschiedenen Planungsebenen und deren jeweilige Regelungsmöglichkeiten. Gelingt es aber, schon auf der Ebene der Raumordnung die Bürgerinnen und Bürger aktiv einzubeziehen, hat dies große Vorteile:

- Im Umgang zwischen Bürgerinnen und Bürgern einerseits und öffentlichen Institutionen andererseits besteht die seltene Situation, in einer Phase, in der noch nicht Vorfestlegungen und Sachzwänge die Handlungsmöglichkeiten einschränken, auch grundlegende Fragen offen zu diskutieren.
- Politik und Verwaltung erfahren schon früh, wo Konfliktthemen liegen und wo mögliche Konsense liegen können; dies hilft, Fehleinschätzungen in späteren Verfahrensschritten zu vermeiden.
- Im Idealfall begegnen den Planungsinstitutionen in den nachfolgenden Verfahren Bürgerinnen und Bürger, die schon intensiv bei der Auswahl von Alternativen mitgewirkt haben und deswegen die Komplexität der Raumentwicklung kennen.

Und schließlich kann dort, wo durch die Diskussion mit Bürgerinnen und Bürgern gemeinsam Weichenstellungen erfolgen, mehr Zufriedenheit und damit auch mehr Lebensqualität entstehen, womit auch ein wesentliches materielles Ziel raumordnerischer Arbeit erreicht würde.

KAPITEL 3

Fallbeispiele der Bürgerbeteiligung

Kapitel 3
3. Fallbeispiele der Bürgerbeteiligung

3.1. Geothermie im Fokus – eine gesellschaftliche Hassliebe
Elke Spaeth, Pfalzwerke AG

Mehrere Erdstöße erschütterten 2009 nicht nur Landau, sondern auch die gesellschaftliche Akzeptanz von Geothermie in der Südpfalz. Die einberufene Expertenkommission kam zu dem Ergebnis: Ein Zusammenhang zwischen dem Kraftwerksbetrieb und der Seismik ist wahrscheinlich! Zwar machten konkrete Maßnahmen und Auflagen den Kraftwerksbetrieb sicherer, berücksichtigten die Belange der Anwohner und brachten das Erdwärmewerk wieder störungsfrei ans Netz. Aber das Bürgerbegehren war dennoch entfacht und auch die Politik, die sich grundsätzlich für die Geothermie ausspricht, agiert noch heute nach außen sehr vorsichtig. In der Folge wurde ein Mediationsverfahren eingeleitet und ein Anforderungskatalog für zukünftige Kraftwerksprojekte erarbeitet.

Situation
Geothermie ist eine weltweit eingeführte Technologie, bei der die Wärme aus der Erde zur Energieerzeugung genutzt wird. Für den Oberrheingraben ist der Einsatz tiefer geothermischer Energie jedoch neu. Die Region gilt aufgrund der geologischen Voraussetzungen für die Förderung von Erdwärme als besonders günstig. Die Eigenwärme des Bodens steigt dort bei zunehmender Tiefe schneller an als an anderen Orten. Der Grund für diese Besonderheit sind tiefe Spalten, die in einem großräumigen Zirkulationssystem die Wärme aus großen Tiefen nach oben tragen.

Insgesamt gibt es an elf Standorten der Vorder- und Südpfalz Erschließungsfelder für mögliche Geothermiekraftwerke. Im Jahr 2003 wurde Landau in der Pfalz als erster Standort für die Errichtung eines hydrothermalen Geothermiekraftwerks ausgewählt. Zwei Jahre später begann man mit der ersten Bohrung. Nach nur 63 Tagen Bohrzeit sprudelte am 05. November 2005 heißes Wasser aus 3.300 Metern Tiefe, das die für den Kraftwerksbetrieb erforderliche Temperatur aufwies. Im darauffolgenden Sommer 2006 wurde das Kraftwerk bei einem renommierten Kraftwerksbauer bestellt, im Frühsommer 2007 geliefert und errichtet.

Grundstimmung
Die feierliche Inbetriebnahme des Vorzeigekraftwerks fand am 21. November 2007 im Beisein der rheinland-pfälzischen Landesregierung, Bundespolitik und viel lokalpolitischer Prominenz statt. Fortan lief das Kraftwerk, nach Behebung einiger weniger Startschwierigkeiten, fast zwei Jahre lang störungsfrei. Mit einer Anlagenverfügbarkeit

von nahezu 90 Prozent liefert dieses Erdwärmekraftwerk seinen Beitrag zur sauberen, grundlastfähigen Energiebereitstellung für 6.000 Haushalte mit Strom. Später folgte noch der Anschluss an das Fernwärmenetz. Als ein Zeichen des Erfolgs wurden die am Landauer Erdwärme-Projekt beteiligten Firmen von der Stiftung Ökologie und Demokratie ausgezeichnet.

Im Gegensatz zu Politik, Presse oder Menschen aus energienahen Branchen haben sich während der Planungs- und Bauphasen weder die breite Bevölkerung noch die direkten Anwohner für das Kraftwerk in Landau interessiert. Es wurden Tage der offenen Tür durchgeführt, zu denen nur wenige Anwohner erschienen. Eine Informationsveranstaltung entpuppte sich trotz intensiver Bewerbung über Inserate und Einladungsschreiben als übersichtliche Veranstaltung mit drei Bürgern, die der Präsentation lauschten und im Anschluss ihre Fragen mit der anwesenden Geschäftsleitung diskutierten.

Mit der Inbetriebnahme änderte sich das Interesse an der Anlage in Landau schlagartig. Die Geschäftsleitung wurde von Besichtigungsanfragen regelrecht überrollt. Busweise kamen Besucher, um sich das Kraftwerk anzuschauen. Parteien, Bürgermeister, Landfrauen, Studenten, Schulklassen, Banken, Vereine – Geothermie war plötzlich interessant. Zwei Studenten wurden engagiert, um die zahlreichen Anfragen bedienen zu können. In Zeiten starker Nachfrage wurden pro Woche 10–12 Führungen auf dem Kraftwerksgelände durchgeführt.

Seismische Ereignisse

Man schrieb den 20. Mai 2009, als es in der Nacht in Landau drei Erschütterungen gab. Diese wurden mit einer Stärke von 1,0 bis 1,7 auf der Richterskala registriert. Von den meisten Landauern blieben sie vollends unbemerkt. Der damalige Geschäftsführer der Betreiberfirma geo x hielt einen Zusammenhang zwischen Kraftwerksbetrieb und der gemessenen Seismik für eher unwahrscheinlich. Schließlich lag der Abstand zwischen Epizentrum und Bohrtiefe bei zwei Kilometern.

Am 15. August 2009 bebte die Erde dann erneut: Um 14:11 Uhr und um 14:18 Uhr gab es in Landau zwei seismische Ereignisse der Stufen 2,7 und 1,6. Man muss wissen, dass Beben dieser Stärke für den Oberrheingraben nichts Ungewöhnliches sind. Das Hauptbeben wurde in Landau jedoch deutlich verspürt und viele Bürger wurden zudem von einem lauten Knall aufgeschreckt. Der Erdbebendienst Südwest nahm eine nähere Untersuchung seiner Daten vor. Es kamen Daten vom Landauer Kraftwerksbetreiber geo x, der DMT/TÜV-Nord-Gruppe sowie der Universität Karlsruhe hinzu.

Ein Blick auf die vorhandene Datenlage schaffte anfangs wenig Klarheit. Die Erkenntnisse hinsichtlich Epizentrum und einer möglichen Verantwortlichkeit des Kraftwerks lagen weit auseinander. Außerdem war das Kraftwerk zum Zeitpunkt des Bebens aufgrund einer Fehlermeldung eines Fühlers 17 Stunden zuvor heruntergefahren worden. Dennoch:

Ein Zusammenhang zwischen Kraftwerksbetrieb und den seismischen Ereignissen konnte nicht ausgeschlossen werden. Die Folge: Die Landesregierung beauftragte eine Expertenkommission mit der Analyse der Ereignisse.

Zu diesem Zeitpunkt schaltete sich die Regionalzeitung Die Rheinpfalz ein. Sie forderte die Bürger Ende August auf, ihre Beobachtungen während des Bebens zu beschreiben und dem Landesamt für Geologie und Bergbau zukommen zu lassen. Auch das politische SWR-Wochenmagazin Ländersache nahm die Berichterstattung auf: mit verwackelten Kamerabildern über Anwohner, welche die Geothermie für ihre Risse an Tapeten und Wänden verantwortlich machten. Der Oberbürgermeister forderte die Landesbehörden in einem Brief dazu auf, zur Aufklärung der Seismik in Landau beizutragen. Das griff die Bild-Zeitung auf und Landau war in aller Munde.

Einen Monat später, am Abend des 15. Septembers 2009, wackelte die Erde erneut: 2,4 auf der Richterskala und wieder ein Knall. Auch während dieser Erschütterungen war das Kraftwerk wegen turnusmäßiger Wartungsarbeiten nicht am Netz.

Bürgermeinungen

Aktion war gefragt: Zwei Tage nach dem Beben im September berief der Ortsbürgermeister eine Bürgerversammlung ein, um die Lage mit den Betreibern, dem Land und den besorgten Bürgern zu diskutieren. Vertreter der Landesregierung und Behörden, Experten und die Geschäftsführer der Betreiberfirma und der für das Bohrmanagement verantwortlichen Firma standen den Bürgern Rede und Antwort. Die Betreiber machten folgende Vorschläge: Erhöhung des Versicherungsschutzes, Ausbau des Messnetzes sowie die Einschaltung von Gutachtern zur Schadensbewertung. Obwohl noch keine Ergebnisse der vom Land initiierten Expertenkommission zur Analyse und Bewertung der seismischen Ereignisse in Landau vorlagen, wurde der Zusammenhang zwischen Kraftwerksbetrieb und Seismik als sehr wahrscheinlich diskutiert. Für die Betreiber eine schwierige Situation, denn die Bürger waren besorgt um ihr Hab und Gut und den Wiederverkaufswert ihrer Häuser. Damit verbunden waren auch Zweifel ob der Schadenregulierung durch die Versicherung und auch die Erhöhung der Versicherungssumme von 10 auf 20 Millionen Euro wurde als zu gering erachtet. Was die Betreiber an diesem Abend auch sagten: Man glaubte ihnen nicht.

Hatte die Geschäftsleitung nicht ein halbes Jahr zuvor einen Zusammenhang zwischen Kraftwerksbetrieb und Seismik für nahezu unmöglich gehalten? Und jetzt gab es zwei Beben innerhalb von nur vier Wochen? Der damit entstandene Vertrauensverlust schürte immer wieder Zweifel an der Glaubwürdigkeit der Aussagen der Kraftwerksbetreiber.

Die Rheinpfalz rief am 21. September 2009 zur Teilnahme an einer telefonischen Blitzumfrage über die Zukunft der Geothermienutzung in der Südpfalz auf, um ein Stimmungsbild in der breiteren Bevölkerung einzufangen. Das Ergebnis: 565 Teilnehmer sprachen sich für einen Stopp aus, 765 Anrufer plädierten für die weitere Nutzung der Geothermie.

Die Ereignisse im Herbst 2009 in Landau erregten auch überregionales, ja sogar internationales Aufsehen: Der Spiegel und die New York Times berichteten über die Beben in Landau.

Eingeleitete Maßnahmen
Im Zuge der Vermittlung wurde eine Fülle von Maßnahmen ergriffen und umgesetzt. Die Ziele: das Erdwärmekraftwerk möglichst störungsfrei zu betreiben und das Vertrauen in die Technologie wiederherzustellen.

1. Einrichtung einer Expertenkommission
Unmittelbar nach dem ersten Beben richtete das rheinland-pfälzische Umweltministerium eine Expertengruppe ein, um die seismischen Ereignisse von Landau zu analysieren und zu bewerten. Die Kommission, die am 4. September 2009 ihre Arbeit aufnahm, sollte ableiten, welche Folgerungen und Anforderungen sich für die Geothermienutzung im Oberrheingraben künftig ergeben. Teilnehmer waren: ein Vertreter des für Energie zuständigen Umwelt- sowie des für Bergbau zuständigen Wirtschaftsministeriums, der Betreiber des Geothermiekraftwerks Landau, Vertreter der Erdbebendienste Rheinland-Pfalz und Baden-Württemberg, der Bundesanstalt für Geowissenschaften und Rohstoffe, des Geophysikalischen Instituts der Uni Karlsruhe, der Firma Q-con sowie des TÜV Nord/DMT. Nach gut einem Jahr kam die Expertenkommission zu der Einschätzung, dass ein Zusammenhang zwischen den Beben und dem Kraftwerksbetrieb wahrscheinlich ist. In einer Bürgerversammlung stellte die Behörde ihre Erkenntnisse am 8. Dezember 2010 vor.

2. Erweiterung des Beobachtungs- und Messsystems
Das Schwingen der Erdoberfläche kann viele Ursachen haben: Erdbeben, Baustellen, Donner u. v. m. Auch das Erdwärmekraftwerk kann ein solcher Auslöser sein. Fest steht: Die Sicherheit der Bevölkerung und der Gebäude hat für den Kraftwerksbetrieb oberste Priorität. Mögliche Schwingungen sollen stets unterhalb der Spürbarkeitsgrenze sein. Dafür wurde in Landau ein Messnetz mit sieben Stationen im gesamten Stadtgebiet verteilt, das die Bodenbewegungen misst. Und zwar rund um die Uhr. Schon bei kleinsten Bodenbewegungen wird die Fahrweise des Kraftwerks angepasst, um weitere Seismizität zu vermeiden.

Seine Bewährungsprobe hat das Monitoringsystem und die damit verbundene Anpassung des Kraftwerksbetriebs bereits bestanden. In einer Pressemitteilung wurde die Bevölkerung über den erfolgreichen Einsatz der Frühwarnsysteme informiert.

3. Erhöhung des Versicherungsschutzes
Die Versicherungssumme der geo x wurde von 10 auf 50 Millionen Euro erhöht. Einerseits lag dem eine Forderung der Landesregierung zugrunde, anderseits war dies ein deutliches

Signal, das die Kraftwerksbetreiber der Bevölkerung geben wollten. Insgesamt gestaltete sich die Diskussion über die vorhandene Versicherungssumme jedoch sehr schwierig, da die Anwohner befürchteten, die Summe sei zu gering.

4. Funktionstest und Auflagen für die Wiederaufnahme des Betriebes

Bevor das Geothermiekraftwerk seinen Betrieb im November 2009 wieder aufnehmen konnte, wurden neben der Reduktion des Drucks seitens der Behörden verschiedene Auflagen erteilt, die es abzuarbeiten galt. Zusätzlich führte die geo x vor der Wiederaufnahme des Kraftwerksbetriebes über einen Zeitraum von zwei Wochen freiwillige Funktionstest durch. Die Bevölkerung wurde über die Presse sowohl über die Funktionstests als auch über den bevorstehenden Kraftwerksbetrieb informiert.

5. Schadenregulierung

Ein wichtiges Thema für die Bevölkerung ist die Regulierung möglicher Schäden. Nach den seismischen Ereignissen gingen 58 Schadenmeldungen beim Betreiber des Geothermiekraftwerks ein, die alle unmittelbar an die Versicherung weitergeleitet wurden. Nach Beurteilung der Schäden durch die Gutachter meldete die Versicherung im Januar 2010, dass eine Schadensersatzpflicht der geo x GmbH nach Auffassung der Versicherung nicht gegeben ist. Bei 13 Schadensmeldungen hielt der Sachverständige eine externe Verursachung für wahrscheinlich. Ob diese externe Ursache jedoch in den seismischen Ereignissen oder in anderen externen Einflüssen begründet liegt, ließ sich nicht ohne weitergehende Untersuchungen feststellen.

Das war eine Bewährungsprobe für den Betreiber. Genau diese Befürchtung hatten die Bürger in der Bürgerversammlung geäußert. So fiel die Entscheidung, dass die geo x im Interesse guter nachbarschaftlicher Beziehungen freiwillig und ohne Anerkennung einer Rechtspflicht in den vorgenannten 13 Fällen Kulanzzahlungen an die Eigentümer leistet. Die gesamte Höhe betrug zirka 10.000 Euro, die meisten Zahlungen bewegten sich zwischen 200 und 500 Euro. Eine Reaktion der Gegner auf diese Zahlungen gab es nicht.

6. Nachbarschaftsgespräche

Anfang November 2009 öffnete die geo x ihre Tore und lud zum Nachbarschaftsgespräch ein. Alle Geschäftsführer und Vorstandsmitglieder der beteiligten Unternehmen standen den Anwohnern und Interessierten Rede und Antwort. Führungen durch das Kraftwerk wurden angeboten und reichlich in Anspruch genommen. An diesem Tag wurden nicht nur Sorgen und Beschwerden thematisiert. Es gab auch etliche Besucher, die sich freuten, dass das Kraftwerk seinen Betrieb wieder aufgenommen hatte. Die Medien zeigten an dieser Maßnahme kaum Interesse.

7. Dialogplattform im Internet

Seit Anfang 2011 sind die Unternehmen Pfalzwerke, Bestec und geo x mit der Dialoginitiative Geothermie auf Facebook und Twitter aktiv. Die Zielsetzung: auch den Befürwortern eine Plattform zu bieten und sachliche Informationen zum Thema Erdwärme unkompliziert zur Verfügung zu stellen. Es stehen nicht die aktuellen Projekte der Seitenbetreiber im Vordergrund, sondern die Technologie an sich. Schließlich boomt die Nutzung der Erdwärme nicht nur im industriellen Bereich. Viele Eigenheimbesitzer nutzen bereits Erdwärmepumpen oder wollen ihre alte Heizungsanlage durch diese Technologie ersetzen.

8. Installation eines Ombusmanns in Landau

Als unparteiischer Schiedsmann dient ein Ombudsmann seit Anfang 2012 als Ansprechpartner für alle Bürger, die einen mutmaßlich durch den Betrieb des Geothermiekraftwerks verursachten Schaden zu melden haben. Der Ombudsmann ist von der Stadt Landau eingesetzt und soll bei der neutralen Begutachtung von Schadensfällen helfen. Er wird sich dabei häufig vor Ort selbst ein Bild machen oder auf neutrale Sachverständige zurückgreifen. Das Amt übernimmt ein früherer Vorsitzender Richter eines Senats am OLG in Zweibrücken. Die Kontaktaufnahme ist über eine von der Stadt eingerichtete E-Mail-Adresse oder telefonisch möglich.

9. Offenlegung der Messwerte auf der Homepage

Auf der Homepage der geo x können seit Anfang 2012 jederzeit die aktuellen Messwerte der Bodenschwingungen aus dem Stadtgebiet eingesehen werden. Auf der Seite wird erklärt, wie die Werte zu interpretieren sind und welche Grenzwerte für die unterschiedlichen Gebäudearten gelten.

10. Mediation

Auf Initiative der rheinland-pfälzischen Landesregierung fand unter Leitung eines Mediators am 21. Januar 2011 die konstituierende Sitzung der übergreifenden Mediation »Tiefe Geothermie Vorderpfalz« statt. Teilnehmen konnten im Raum Vorderpfalz tätige Energieunternehmen, Bürgerinitiativen sowie neutrale Akteure. Die Bürgerinitiative Landau lehnte eine Teilnahme ab. Konkrete Konflikte sowie standortübergreifende Themen sollten in gemeinsamen Verhandlungsrunden mit unterschiedlicher Besetzung besprochen werden. Nach acht Sitzungen der Mediationsgruppe wurde am 12. März 2012 das Ende der Phase 1 der Mediation, der Verhandlungsphase, bekannt gegeben.

Die Angaben dieses Abschnitts können im Internet detailliert nachgelesen werden. Sie stammen von der Homepage der »Geschäftsstelle Mediationsverfahren zur Zukunft der Tiefen Geothermie in der Vorderpfalz, team ewen, Darmstadt, Geschäftsführer Dr. Christoph Ewen, www.mediation-tiefe-geothermie-vorderpfalz.de«.

Im Folgenden sind ausgewählte Vorschläge der Mediationsgruppe für mehr Bürgerbeteiligung aufgeführt. Insgesamt wurde kritisiert, dass die Standorte suboptimal gewählt und die Anwohner unzureichend einbezogen wurden. Die Ansätze fordern die Verbesserung der formalen Beteiligungsmöglichkeiten, die verbindliche Entscheidung der Bürger über Abstand zur Wohnbebauung, die Ermöglichung von Standorten im Außenbereich, d. h. die Kommunen »überplanen« mögliche Kraftwerksstandorte und Bürgervertrauensleute sollen in die Genehmigung und Kontrolle einbezogen werden.

Thema Grundwasser

Kritik: Bohrungen durchdringen für Trinkwasserzwecke nutzbare Grundwasserleiter und mögliche Leckagen bedrohen die Trinkwasserversorgung.

Lösungsvorschläge: abgestimmtes Monitoringkonzept in der Bohrphase, während des Betriebs und einer zehnjährigen Nachsorgephase. Qualitätskontrolle während der Bohrung durch Bürgervertrauensleute, Überwachung der Dichtheit des Bohrlochs und Überwachung der Grundwassermesspegel in der Umgebung.

Thema Lärm

Kritik: Anlagenteile haben störende Schallemissionen

Lösungsvorschläge: Verschärfung der gesetzlichen Vorschriften, konkrete Maßnahmen wie Einhausung, zeitliche Steuerung und größerer Abstand sollen vorgegeben werden. Unternehmen soll periodisch messen und Bürgervertrauensleute sollen Einblick in die Messungen und Überwachungen der Behörden bekommen.

Thema Erdbebenrisiko

Kritik: Betrieb kann zu seismischen Ereignissen führen.

Lösungsvorschlag: Risiko sinkt mit dem Abstand des Bohrlandepunktes zur Bebauung. Bürger sollen in einer verbindlichen Abstimmung über diesen Abstand abstimmen. Nach einem Ereignis soll ein Regelkreis zur schnellen Reaktion wirksam werden und weitere Ereignisse verhindern.

Thema Gebäudeschäden

Kritik: Seismische Ereignisse könnten zu Gebäudeschäden führen, aber der Nachweis ist schwer zu erbringen.

Lösungsvorschlag: Bestehende seismische Messnetze werden auf Anfrage ausgewertet, Bestandsaufnahmen von Gebäuden in Nachbarschaft des Kraftwerks und Installation von Schwingungsmessgeräten, Einschaltung eines Ombudsmanns/einer Ombudsfrau. Ein Fonds soll für Schäden aufkommen, die die Versicherung nicht reguliert.

Welche Punkte davon in welchem Ausmaß künftig in die Praxis umgesetzt werden (können), steht heute noch nicht fest. Die Landesregierung sagte die Überprüfung der aufzugreifenden Themen zu und kündigte die Erstellung eines Zeitplans für die konkrete Umsetzung an.

Entstehung der Bürgerinitiativen

Nicht überall begegnet man den Plänen für die Errichtung eines Geothermiekraftwerks positiv. Die seismischen Ereignisse liefern Gegnern und Zweiflern zusätzliche Argumente, um diese Chancentechnologie nun als Risikotechnologie abzustempeln. Für die Bürger steht die Sorge um das eigene Heim im Vordergrund: Ein Erdbeben wird – verständlicher Weise – als potenzielle Bedrohung für das eigene Haus erlebt. Latente Ängste sind schnell aktivierbar und schon kleine Anzeichen, wie beispielsweise Risse im Putz oder in der Tapete, werden als existenzielle Bedrohung gedeutet.

In Landau schlossen sich zwei Hauseigentümer mit größeren Gebäudeschäden den Gegnern anderer Standorte an und gründeten eine Bürgerinitiative Geothermie Landau e. V. Die Schäden dieser Landauer Hauseigentümer wurden weder von der Versicherung anerkannt noch fielen sie unter die Kulanzregelung des Kraftwerksbetreibers zur Schadenregulierung. Die Schäden an den betroffen Gebäuden waren offensichtlich, aber mehrere Gutachter verneinten einen Zusammenhang zwischen diesen Schäden und dem Betrieb des Geothermiekraftwerks bzw. seismischen Erschütterungen. Die beiden Hausbesitzer waren und sind sehr aktiv. Das gilt auch für die Bürgerinitiativen der anderen Gemeinden. Sie besuchen öffentlichen Veranstaltungen zum Thema Geothermie, führen Gespräche mit Anwohnern, den Ämtern und der Landesregierung. Die Vernetzung der Bürgerinitiativen und die mediale Präsenz der Landauer Bürgerinitiative sind hoch.

Die Bürger organisieren sich verstärkt, um ihr Schicksal selbst in die Hand zu nehmen. Das muss nicht zwangsläufig gegen ein Projekt sein. Es gibt etliche Initiativen, die ausdrücklich für eine bestimmte Sache eintreten. Auch darf die große Gruppe der schweigenden Mehrheit nicht unterschätzt werden. Unter ihnen befinden sich Befürworter eines Projektes oder einer Technologie. Aber selten machen sich die Befürworter bemerkbar oder haben gar eine eigene Kommunikationsplattform. Die Menschen überraschen immer wieder, wenn man genauer hinschaut, Stimmungsbilder innerhalb einer größeren Gruppe abfragt und nicht nur auf die achtet, die sich die meiste Beachtung verschaffen. Die Bürger wollen sich weder von den Medien noch von den Unternehmen oder Aktivisten vorschreiben lassen, welche Meinung sie haben: Einige Tage nach den seismischen Ereignissen in Landau rief die Regionalzeitung Die Rheinpfalz ihre Leser in Landau zu einer telefonischen Abstimmung über die Zukunft der Geothermie in der Südpfalz auf. Darin sprachen sich die Leser mehrheitlich für die Geothermie aus. Im Sommer 2011 gründete sich in Landau die erste Bürgerinitiative Pro Geothermie.

Bewertung

Die Situation des Bürgers hat sich verändert. Mit dem Start der Energiewende wurde der Einsatz erneuerbarer Energien fast immer positiv aufgenommen. Mittlerweile wächst die Erkenntnis: Auch die Energiewende hat ihren Preis. Und das macht sich längst nicht nur im Anstieg des Strompreises bemerkbar. Die Erzeugungsanlagen rücken näher an die Bebauung, sind sichtbarer und stellen somit häufiger eine Beeinträchtigung oder Bedrohung für den Bürger dar.

Die Betroffenheit und Ohnmacht des Bürgers gegenüber vielem ist damit massiv gestiegen. Der Bürger traut den Politikern und den Unternehmen nicht mehr zu, die Probleme unserer Zeit zu lösen. Und er quittiert dies mit Partizipationsdrang. Verstärkung des Netzausbaus, Beeinträchtigung des Landschaftsbildes, Geruchsbelästigung durch Biogasanlagen, Zunahme des LKW-Lieferverkehrs für Holzhackschnitzel oder Lärmbelästigung durch Anlagenbetrieb – der Bürger will mitreden und sich einbringen. Recherchen im Internet bieten dafür in Sekundenschnelle scheinbares Expertenwissen.

Für Politik und Energieversorgungsunternehmen stellt sich hier eine besondere Herausforderung. Der Bundesverband der Energie- und Wasserwirtschaft (BDEW) hat dem vor zwei Jahren mit der Aufklärungskampagne »Energie ist nicht schwarz-weiß« Rechnung getragen. In provokanten Thesen wurden gegensätzliche Standpunkte zu energiepolitischen Themen plakativ inszeniert und im Internet und auf Forumsveranstaltungen von Branchenvertretern, Politikern und Bürgern miteinander diskutiert. Diese Kampagne bringt vieles auf den Punkt, worauf es heutzutage ankommt: Aufklärung und Transparenz schaffen, Informationen austauschen, zuhören und Standpunkte ernsthaft diskutieren, um vor Ort die jeweils passende Lösung zu finden. Das gilt auch für die Geothermie. **Damit aus einer Hassliebe eine tragfähige gesellschaftliche Akzeptanz wird, auf der die Zukunft bauen kann.**

3.2. Kohle und Kommunikation – Bauen im kritischen Umfeld

Franziska Krasnici, E.ON Kraftwerke GmbH

Die Planung eines neuen Steinkohlekraftwerks ist für ein Energieunternehmen eine Herausforderung – insbesondere aus kommunikativer Sicht. Denn im Umfeld eines Großprojektes bleibt Widerstand nicht aus, das Verhältnis des Unternehmens zu seinen Stakeholdern wird in besonderer Form auf die Probe gestellt. Schnell kann die Diskussion um das Vorhaben ein hohes Konfliktniveau erreichen, die Fronten verhärten und dabei fast gänzlich über die Medien laufen. Gegner planen Aktionen und machen gegen das Bauvorhaben mobil.

Dem Projektträger eines komplexen Bauvorhabens stellen sich besondere Herausforderungen im Umgang mit Anspruchs- und Interessengruppen, die das Projekt ablehnen oder zu verhindern suchen. Seien es Anwohner und Gewerbetreibende aus der Nachbarschaft oder Bürgerinitiativen – Proteste können einer erfolgreichen Projektentwicklung Stolpersteine von erzwungenen Änderungen bis zum Scheitern des Vorhabens in den Weg legen. Manche Konflikte wären jedoch vermeidbar. Können sich zum Beispiel Anwohner kein rechtes Bild von einem geplanten Neubau machen, wird vom Schlimmsten ausgegangen und die Gerüchteküche schürt Ängste. Die Ablehnung wird durch einen Mangel an Informationen verstärkt. Ist Widerstand einmal mobilisiert, sind die Fronten schnell verhärtet und keinen sachlichen Argumenten mehr zugänglich. Eine offene Kommunikation und eine transparente Darstellung von Informationen können helfen, einen positiven Dialog über die Aspekte zu führen, die Unmut hervorrufen. Es gilt, Menschen die Möglichkeit zu geben, Informationen zu erhalten sowie ihre Sorgen, Befürchtungen und Diskussionswünsche an das Unternehmen heranzutragen und diese einzubringen.

Die gut geplante und durchgeführte Kommunikationsarbeit (sog. Projektkommunikation) kann dem Projekt helfen, möglichen Hindernissen aus dem Weg zu gehen und die Risiken zu minimieren. Sie schafft zudem Vertrauen und Sicherheit. Kommunikation ist aber kein Wundermittel und es können nicht alle Probleme in jedem Fall beseitigt werden.

1. Situation vor Ort

Deutschland setzt an zur Energiewende. Nach der staatlich verordneten Schnellabschaltung von diversen Reaktoren soll die Nutzungsdauer der verbliebenen Kernkraftwerke deutlich gekürzt werden. Aber woher kommt eigentlich der Strom, der bislang in diesen Kraftwerken erzeugt wurde?

Bereits seit 1964 wird von der E.ON am Standort Datteln in Nordrhein-Westfalen Steinkohle »verstromt«. Einen ganz wesentlichen Beitrag zur Sicherung der Energieversorgung in Nordrhein-Westfalen soll das Steinkohlekraftwerk Datteln 4 leisten. Das Kraftwerk wird eine elektrische Leistung von 1.100 Megawatt haben und kann zukünftig bis zu 380 Megawatt umweltfreundliche Fernwärme in Kraft-Wärme-Kopplung produzieren und damit ungefähr 100.000 Wohnungen beheizen. Ferner sollen mehr als 400 Megawatt in Bahnstrom mit einer Frequenz von 16,7 Hertz umgewandelt werden. Bis zum Jahr 2012 sollten die Kraftwerksblöcke Datteln 1, 2 und 3 sowie das Kraftwerk Shamrock bei Herne durch das moderne und hocheffiziente Steinkohlekraftwerk Datteln 4 ersetzt werden.

Allerdings ist die Fertigstellung und Inbetriebsetzung des Kraftwerks Datteln 4 infolge eines Urteils des Oberverwaltungsgerichtes Münster (OVG) vom September 2009 verzögert. In diesem Urteil wird der Bebauungsplan für das Kraftwerksgelände für ungültig erklärt. Als Grund führte das OVG unter anderem an, dass die Stadt Vorgaben zum Naturschutz und zum Schutz der Bevölkerung nicht ausreichend beachtet habe. Das OVG Münster hat zwar die Vorgehensweise bei Aufstellung des bisherigen Bebauungsplans gerügt, aber keineswegs festgestellt, dass die Errichtung und der Betrieb der Anlage an dem vorgesehen Ort und in der vorgesehenen Anordnung nicht realisierbar wären. Der weitere Verlauf des Projektes Datteln 4 hängt u. a. von der Übereinstimmung zwischen Landes-, Regional- und Bauleitplanung bei der Aufstellung eines neuen Bebauungsplans ab.

Daher kann derzeit nur die Umsetzung der bereits bestandskräftigen Teilbaugenehmigungen ermöglicht werden. Die Meinung der Kraftwerksgegner jedoch ist, dass ohne einen fehlenden Bebauungsplan die bestandskräftigen Genehmigungen ebenfalls nicht auszuführen sind.

Datteln 4 hat leider einen Symbolstatus in der Energiepolitik bekommen, den es nicht verdient. Als hocheffizientes Kraftwerk mit Kraft-Wärme-Kopplung und Bahnstromproduktion ist es nicht geeignet für einen Glaubenskrieg um die Nutzung von Kohle.

2. Grundstimmung vor Ort zu dem Projekt

Von Beginn an gab es – neben einzelnen kritischen Stimmen – eine große Akzeptanz und eine breite Zustimmung der Bevölkerung und Politik für das Projekt. Umfeldanalysen belegen diese Aussagen sowie die kommunale politische Konstellation und Haltung zum Kraftwerksprojekt.

Die lokale Interessengemeinschaft gegen das Kraftwerksprojekt gründete sich erst nach dem gerichtlich für ungültig erklärten Bebauungsplan der Stadt Datteln. Derzeit wird ein neuer Bebauungsplan erstellt. Die neue Bauleitplanung ermutigt weitere Anspruchsgruppen, Kritik zu äußern. Sie verschaffen sich mithilfe neuer Medien und ihrer nationalen Vernetzung viel Gehör, obwohl sie für eine Minderheit sprechen.

3. Entstehung der Bürgerinitiativen

Insgesamt steht E.ON – wie viele andere Bauherren – vor dem Phänomen, dass wenige kritische Stimmen gegenüber der schweigenden Mehrheit bewusster wahrgenommen werden. Darüber hinaus ist grundsätzlich erkennbar, dass Großprojekte jeglicher Art in Deutschland aufgrund von Widerstand in der Bevölkerung zunehmend schwerer durchzusetzen sind. Auch hier tritt das sogenannte »NIMBY«-Phänomen (»Not in my backyard«) auf. Menschen sind nach dieser Definition oftmals nicht bereit, Projekte jeglicher Größenordnung in ihrer unmittelbaren Umgebung zu tolerieren. Insbesondere wenn diese Unannehmlichkeiten, wie eine besondere Bauhöhe, beinhalten können. Auch wo Kraftwerke einst für Arbeitsplätze und eine florierende Wirtschaft standen, wird die Notwendigkeit neuer moderner Anlagen nicht gesehen.

Bürgerinitiativen müssen nicht immer Protestbewegungen darstellen, sie können ebenso für die Realisierung eines Projektes ihre Stimme erheben. Im Fall des neuen Kraftwerks in Datteln gibt es zwei lokale Initiativen – eine ist gegen das Kraftwerksprojekt, die andere dafür.

Kontra-Initiative

Die lokale Interessengemeinschaft gegen das Kraftwerksprojekt hat sich nach dem gerichtlich für ungültig erklärten Bebauungsplan, also Anfang 2010, in der Stadt Datteln gegründet. Zwar sehen die Kraftwerksgegner die Notwendigkeit von Steinkohlekraftwerke für die zukünftige Stromerzeugung – allerdings wollen sie die Kraftwerke nicht vor der eigenen Haustür. Sie fürchten u. a. gesundheitliche Beeinträchtigungen. Die Interessengemeinschaft vertritt die Anliegen einer kleinen Gruppe von Dattelner Bürgerinnen und Bürgern sowie Kraftwerkskritikern aus anderen Städten der Umgebung. Sie fordern die Einstellung des Projekts. Inhaltlich, kommunikativ und organisatorisch wird die Interessengemeinschaft von bekannten Umweltschutzverbänden in ihrer Arbeit unterstützt. Die Kommunikation gegen das Kraftwerksprojekt erfolgt mithilfe von klassischen und neuen Medien.

Pro-Initiative

Seit März 2012 gibt es eine Initiative die sich für den Kraftwerksneubau einsetzt. Aus der unmittelbaren Kraftwerksnachbarschaft kommend, spricht sie sich für die Erneuerung des Kraftwerksparks aus und unterstreicht zudem die umwelttechnische Verbesserung und die positiven wirtschaftlichen Auswirkungen. Auf der Internetseite der Initiative erhalten Kraftwerksbefürworter regelmäßig die neusten Informationen zum Neubauprojekt sowie zu den Themen Kraftwerkstechnik und Umwelt. Ferner bietet die Internetseite die Möglichkeit, eine Onlinepetition zu unterschreiben und eigene Beiträge zu veröffentlichen.

Innerhalb von zwei Wochen haben sich über 2.000 Kraftwerksbefürworter in einer Onlinepetition für das Kraftwerksprojekt ausgesprochen und engagieren sich seitdem mit eigenen Informationsständen in der Stadt.

Es ist gelungen, einen Teil der schweigenden, dem Kraftwerksneubau positiv gegenüberstehenden Bürgerinnen und Bürgern der Stadt Datteln zu aktivieren und ihnen eine Plattform zu schaffen.

4. Kommunikative Herausforderungen und Lösungen

Schon weit vor dem öffentlich wahrnehmbaren Protest hat E.ON den Dialog mit potenziellen Kritikern von Datteln 4 gesucht. Bereits seit dem Jahr 2008 betreibt E.ON den Treffpunkt Energie Datteln, ein Informationszentrum zum Kraftwerksvorhaben. Dort erfahren Interessierte Wissenswertes über das neue Kraftwerk, erhalten Details rund um das Thema Energie und können in den Dialog mit E.ON treten. Als feste Austauschplattform nutzt E.ON zudem seit 2007 sogenannte Kraftwerksforen. Hierbei sitzen die Beteiligten und Betroffenen an einem Tisch und diskutieren unter Leitung eines neutralen Moderators. Das Kraftwerksforum ist gut geeignet, um detailliert auf komplexe Fragen einzugehen. In den vergangenen fünf Jahren wurden auf diesem Wege entscheidende Fragestellungen geklärt, wie zum Beispiel Umweltschutzmaßnahmen oder Möglichkeiten der Kohlelagerung. Es wurden verschiedene gemeinsam getragene Teillösungen erarbeitet. So führte die transparente Diskussion über die Schadstoffbelastung zu einer Erweiterung des Messstellennetzes für das Umweltmonitoring und zu konkreten Zusagen für eine zusätzliche Reduzierung der Emissionen. Das Forum tagt vierteljährlich in geschlosser Runde. Bürgerinnen und Bürger werden regelmäßig mithilfe von Bürgerinformationsveranstaltungen, Informationsständen in der Innenstadt, Forumsinformationsblättern und einer eigenen dialogausgerichteten Internetseite des Kraftwerksforum über die Ergebnisse des Forums informiert.

Ein wesentlicher Bestandteil des Projektmanagements von E.ON ist die Kommunikation vor Ort. Für Anwohnerfragen stehen feste Ansprechpartner zur Verfügung. Zusätzlich bindet E.ON die Projektleitung und die eigenen Mitarbeiter als wichtige Botschafter in der Projektkommunikation ein. Sie geben dem Projekt glaubhaft ein Gesicht, stellen es vor und liefern konkrete Informationen aus erster Hand. In der Gesamtschau nutzt E.ON alle gängigen Kommunikationsinstrumente und -kanäle wie ein Besucherzentrum, Informationsveranstaltungen, Politik- und Bürgergespräche, klassische Pressearbeit, eine Nachbarschaftszeitung, Kraftwerksführungen, Baustellenbustouren und eine Webcam auf der Internetseite, um auf Augenhöhe mit Kraftwerksskeptikern und Kraftwerksbefürwortern zu sprechen.

Ein weiterer wichtiger Baustein in der Projektkommunikation ist es, mit dem Projekt Teil der Gemeinschaft zu werden. Seien es Straßenfeste oder Förderprojekte in der Nachbarschaft – es kann so ein Beitrag geleistet werden, um als Nachbar wahrgenommen zu werden. Wann immer es geht, wird versucht, persönlich auf Augenhöhe sowohl mit Kraftwerksskeptikern als auch mit Kraftwerksbefürwortern gleichermaßen zu reden. Der direkte Dialog wird durchweg positiv aufgenommen. Die gemeinsame Währung der Gespräche ist der Respekt für die Meinung des anderen. Im direkten Dialog aller Betroffenen miteinander wird sichtbar, welche Themen, Sorgen und Bedenken die Menschen im Umfeld des Kraftwerksneubaus beschäftigen. Diese werden in den Planungs- und Umsetzungsprozess des Projektes bestmöglich einbezogen. Die Grenzen der kommunikativen Möglichkeiten sind erst dort erreicht, wo die Bereitschaft aufhört, in den Dialog zu treten.

Es gibt lediglich eine sehr kleine Gruppe an Kraftwerkskritikern, die überwiegende Haltung für das Kraftwerksprojekt lässt sich bei Veranstaltungen sehr gut erkennen. Die Nachfrage an Kraftwerkstouren, Informationsständen etc. ist sehr groß und wird von der (schweigenden) Mehrheit zunehmend als Möglichkeit verstanden, sich für das Kraftwerksprojekt einzusetzen. In Gesprächen sowie in Leserbriefen wird die kommunikative Arbeit von E.ON sehr geschätzt – insbesondere die Möglichkeit des persönlichen Kontakts. E.ON wird in der Region als Partner wahrgenommen.

5. Partizipativer Kommunikationsansatz für Großprojekte

Die Kommunikation von Großprojekten verfolgt einen partizipativen Kommunikationsansatz. Grundsätzlich sind dabei drei Aspekte zu beachten:

Der gesellschaftliche Aspekt: Großprojekte bedürfen der eindeutigen Positionierung der jeweiligen politischen Instanzen (Stadt, Land, Bund). Wenn ein Großprojekt einmal beschlossen, genehmigungsrechtlich einwandfrei und finanziert ist, dann darf es zwischen Projektträger und politischen Instanzen ebenso wie innerhalb Letzterer keine Widersprüchlichkeiten, Verzögerungen oder Ähnliches geben, denn erst das ruft die Gegnerschaft zum Projekt hervor und führt zu generellen Akzeptanzproblemen derartiger Infrastrukturprojekte.

Der genehmigungsrechtliche Aspekt: Großprojekte durchlaufen im Zuge ihrer Genehmigungsverfahren (z. B. umweltrechtliche oder baurechtliche Genehmigungen) definierte Abläufe. Die Kommunikationsmaßnahmen sind mit diesen Genehmigungsverfahren im Detail inhaltlich und organisatorisch abzustimmen. In diesem Prozess gilt es auch, dass alle Kritikpunkte auf den Tisch kommen, die zu einer Ablehnung des Projekts in der Öffentlichkeit führen könnten.

Der kommunikative Aspekt: Viel Unmut oder Misstrauen gegenüber Großprojekten entsteht durch mangelnde Information und Transparenz – Vertrauen entsteht daher durch möglichst transparente und umfassende Information. Das ständige Bestreben aller Projektpartner sollte sein, die betroffenen Dialoggruppen frühzeitig, kontinuierlich und auch persönlich zu informieren, transparent zu sein, Sorgen und Bedenken zu begegnen und diese auszuräumen – auch Kompromisse zu schließen. Projektentwicklungen oder -änderungen sollten frühzeitig kommuniziert werden. Absichten und Ziele des Projektträgers sowie die Schritte zur Projektrealisierung müssen offen dargestellt und diskutiert werden können, nur so entsteht ein Verständnis für dessen Vorgangsweise und kann so Akzeptanz für das Projekt erzielen. Dies endet nicht mit dem Baubeginn, sondern muss sich über die gesamte Bauzeit erstrecken, um auch für zukünftige Projekte Vertrauen zu schaffen.

6. Resümee

Mit Protesten werden Großprojekte weiterhin leben müssen, denn sie berühren vielfältige Interessen. Sehr wahrscheinlich stehen lokale Bürgerinitiativen auch künftig Großprojekten vor der eigenen Haustür skeptisch gegenüber. In der Frühphase eines Projektes sind sie aber selten unversöhnliche Gegner des Vorhabens. Oft suchen Bürgerinitiativen zunächst das Gespräch, um ihre Bedenken und Interessen geltend zu machen. Sie bringen Einwände vor, stellen Fragen und formulieren Bedenken. Das kann helfen, Projekte zu verbessern, und sollte daher nicht von vornherein als »störend« abgetan werden. Projektgegner haben sich professionalisiert, das hat die Industrie lange ignoriert. Unternehmen sind gefordert, nicht nur bei langwierigen Genehmigungsverfahren frühzeitig Rat bei Kommunikations-fachleuten zu suchen. Gute Kommunikation muss für ein Bauprojekt eine primäre Zielgröße wie Finanzen, Termine und Qualität sein. Zu selten ist die Kommunikationsabteilung auf der Managementebene angesiedelt. Fehler werden schon in der frühen Planungsphase von Industrieanlagen gemacht, dann nämlich, wenn Ingenieure die ersten Pläne vorlegen, ohne eine begleitende professionell erarbeitete Kommunikationsstrategie.

Erstaunlicherweise wird bei einem Bauprojekt die Kommunikation noch selten als Chance gesehen. Die moderne Projektkommunikation geht über die reine Erklärung des Bauvorhaben hinaus, sie steht ebenfalls in der Verantwortung, eine gezielte Stakeholder-Kommunikation mit den verschieden Interessengruppen eines Vorhabens aktiv zu gestalten, genehmigungsrechtliche und fachjuristische Fragenstellungen in die Kommunikation einzubinden und diese verständlich darzustellen. Transparenz ist oberstes Gebot. Industrielle Vorhaben sind nicht selbsterklärend, zum Beispiel weil sie der Garant für zukunftssichere Arbeitsplätze sind. Unternehmen müssen vermitteln, welche ökologischen und wirtschaftlichen Chancen die Industrie bietet. Menschen müssen diese Zusammenhänge offener, besser und präziser als bisher erklärt bekommen. Er reicht nicht mehr aus, ein genehmigungsrechtliches Verfahren richtig durchzuführen, es muss zum einen kommunikativ begleitet werden und zum anderen gilt es, die Bevölkerung frühzeitig in das Verfahren einzubeziehen. Oft dient eine öffentliche Diskussion oder »Bürgerbeteiligung« der Behörde oder dem Unternehmer nur noch als Feigenblatt, um bereits gefällte Entscheidungen zu rechtfertigen. Doch Akzeptanz kann nur gewonnen werden, wenn die betroffenen Menschen individueller, unmittelbarer und situativer an Entscheidungsprozessen beteiligt werden.

Ein frühzeitiger, offener und sachbezogener kontinuierlicher Dialog auf Augenhöhe ist eine der komplexesten Herausforderungen für die professionelle Kommunikation von Infrastrukturprojekten. Er ermöglicht es Unternehmen, eine Basis – Vertrauen und Glaubwürdigkeit – für kritische Diskussionen zu schaffen. Hierzu benötigt die Projektkommunikation Menschen aus dem Projekt vor Ort, die mit Bürgern in den Dialog treten – egal, ob Kommunikator, Projektleiter oder Baustellenmitarbeiter, wichtig ist es, dem Projekt ein Gesicht zu geben. Neben einem Dialog auf Augenhöhe gehört auch Kompromissbereitschaft auf allen Seiten zu den Voraussetzungen für die erfolgreiche Umsetzung von Infrastrukturprojekten.

3.3. Mutbürger stärken, Wutbürger aushalten – Beobachtungen zur Akzeptanz von Großprojekten am Beispiel des Flughafens Berlin Brandenburg

Ralf Kunkel, Flughafen Berlin Brandenburg GmbH

Eine moderne und funktionierende Infrastruktur ist das Rückgrat unserer Gesellschaft. Nur wenn wir künftig konstruktiver mit dem Bürgerwillen umgehen, werden wir unsere Infrastruktur ausbauen und so unseren Wohlstand erhalten können.

In der Hauptstadtregion gibt es einen breiten Konsens, dass der Flughafen Berlin Brandenburg, kurz BER, eines der wichtigsten Zukunftsprojekte Deutschlands ist. Kein Wunder: Der Flughafen löst ein Relikt des Kalten Krieges ab – die Zersplitterung des Luftverkehrs auf die Flughäfen Schönefeld, Tegel und bis 2008 Tempelhof. Dennoch weht dem BER ein rauer Wind entgegen: Proteste zu Flughafen und Flugroutenfestlegung sind an der Tagesordnung. Das wird so bleiben – nicht nur am BER, sondern bei Bauprojekten im ganzen Land. Wie wir lernen, mit einem stärker werdenden Bürgerwillen umzugehen, wird die Zukunft Deutschlands bestimmen, denn die ständige Erneuerung unserer Infrastruktur begründet unseren Wohlstand.

Spannungsfeld Öffentlichkeit, staatliche Behörden und Unternehmen

Stuttgart 21 brachte es an den Tag: In der Republik liegt etwas im Argen. Es gibt in Deutschland ein weitverbreitetes Misstrauen gegenüber Großprojekten, Politik, Behörden und Unternehmen. »Stuttgart 21 ist überall«, schrieb Kerstin Schwenn zutreffend im September 2011 in der Frankfurter Allgemeinen Zeitung. Und tatsächlich. Es vergeht kaum ein Tag, an dem nicht über eine neue Bürgerinitiative gegen Windräder berichtet, über neue Stromtrassen und Ortsumgehungen gestritten oder gegen neue Mobilfunkmasten mobilisiert wird. In den Hochzeiten der Proteste gegen den BER-Fluglärm sahen manche ganze Landstriche in einem Nebel aus Kerosin verschwinden, man befürchtete negative Auswirkungen auf die Grundwasserqualität und, und, und. Woran liegt das? Woher rührt dieses Misstrauen?

Im Kern bringen Infrastrukturprojekte immer gravierende Veränderungen und Beeinträchtigungen für die direkten Anwohner mit sich. Im Idealfall ist der Nutzen eines Vorhabens für eine breite Mehrheit aber so deutlich und wichtig, dass es insgesamt gesellschaftlich akzeptabel ist und bleibt. So ist es zunächst einmal auch mit dem neuen Flughafen in Berlin: Nach einer gemeinsamen Umfrage der rbb-Abendschau und Berliner Morgenpost vom 20. April 2012 verbinden 62 Prozent der Berliner mit dem neuen Flughafen positive Erwartungen. Nur 30 Prozent haben eher Befürchtungen. Die Mehrheit erwartet künftig weniger Fluglärmbelastung. Kein Wunder: Der innerstädtische Flughafen Tegel wird im Gegenzug zur BER-Eröffnung geschlossen. Selbst für ein striktes Nachtflugverbot von 22 bis 6 Uhr kann sich nur eine Minderheit erwärmen.

Dennoch sind bei Flughäfen öffentliche Proteste vorprogrammiert: Staatliche Behörden und Unternehmen arbeiten nicht primär nach den Kriterien, von denen die öffentliche Wahrnehmung geleitet wird. Das ist zum Teil notwendig und unumgänglich.

Die Deutsche Flugsicherung etwa plant national die Flugrouten aller Flughäfen und dabei steht zunächst die Sicherheit des Flugverkehrs im Vordergrund. Der Blick auf die maximale Sicherheit führt aber auch dazu, dass Flugrouten immer erst dann verbindlich geplant werden, wenn erkennbar ist, wann und wo in welcher Intensität geflogen wird.

Bei einer neuen Start- und Landebahn oder bei einem neuen Flughafen heißt das: Obwohl Nachbarn und Anlieger ein Interesse daran haben, die Flugrouten Jahre im Voraus möglichst genau abschätzen zu können, ist die Flugsicherung dazu verpflichtet, die verbindliche Planung erst in den Monaten vor der Eröffnung abzuschließen. Das führt unausweichlich zu Verunsicherungen bei vielen Bürgern, die nicht nachvollziehen können, warum sie nicht viel früher verlässliche und dauerhaft gültige Informationen erhalten. Anders als meist vermutet, sind diese Informationen in Planfeststellungsbeschlüssen nur informatorisch, aber nicht verbindlich enthalten – und können es auch nicht sein.

Bürgerschutz ja – aber für wen und wie viel?

Auch bei der Frage »Viel Belastung für wenige oder begrenzte Belastung für viele?« setzen Behörden teilweise andere Prioritäten als die öffentliche Meinung. Im Fall des Flughafens Berlin Brandenburg waren es die Flugroutenvorschläge der Deutschen Flugsicherung vom September 2010, die einen Sturm der Empörung auslösten. Im Kern hatte sich die Flugsicherung bemüht, eine Fluglärmentlastung der unmittelbaren Flughafenanlieger zu realisieren. Die entsprechenden Routen hätten aber zugleich – in individuell geringerem Maße – vielen Bürgern bis dato nicht eingeplante zusätzliche Fluggeräusche beschert, etwa am südlichen Stadtrand von Berlin und in zahlreichen Brandenburger Gemeinden im Flughafenumfeld. Zahl und Ausmaß der daraufhin entstehenden Proteste zeigten: Die Deutsche Flugsicherung hatte das Ziel »Bürgerschutz« im Blick, rief aber mit den unvorhergesehenen Änderungen zu viele Irritationen hervor.

Lange Planungszeiträume

Schließlich bleiben auch die langen Planungszeiträume bei Infrastrukturprojekten ein Problemfaktor. Der Flughafen Berlin Brandenburg macht da keine Ausnahme: Bereits nach der deutschen Wiedervereinigung 1990 gab es erste Überlegungen, den Berliner Luftverkehr auf einem einzigen Flughafen für die gesamte Region zu bündeln. In der Euphorie der Nachwendezeit starteten sogar Planungen für einen Flughafen mit vier Start- und Landebahnen für bis zu 60 Mio. Passagiere. Erst der Konsensbeschluss der Gesellschafter Berlin, Brandenburg und Bund vom Mai 1996 legte diese hochfliegenden Pläne ad acta. Stattdessen starteten die Planungen für einen Flughafen mit zwei Start-

und Landebahnen am Standort Schönefeld. 1999 wurde der Planfeststellungsantrag eingereicht, 2000 und 2001 wurden die Bürger am Genehmigungsverfahren beteiligt, 2004 erteilte die Behörde den Planfeststellungsbeschluss, 2006 begannen nach der letztinstanzlichen Genehmigung durch das Bundesverwaltungsgericht die Bauarbeiten.

Wo es in den Folgejahren bis 2010 öffentlich-mediale Debatten um den Flughafen gab, drehten sich diese eher um Fragen des Baufortschritts oder der zulässigen Anzahl von Flügen in den Randzeiten am Morgen und Abend. Abwechselnd wurde beklagt, der Flughafen sei überdimensioniert, zu klein geplant und dann wieder überdimensioniert. Insgesamt blieb die Zustimmung der Bevölkerung in der Region hoch. Eine Gruppe Fundamentalkritiker gab es zwar bereits seit Mitte der 90er-Jahre, diese fand jedoch spätestens nach dem Baubeginn immer weniger öffentliche Resonanz.

2010: Weckruf für BER-Wutbürger

Ähnlich wie bei anderen Großprojekten verschärfte sich die Diskussion um den Flughafen erst dann, als der Countdown zum Start eingeläutet wurde. Wohl nur wenige Beteiligte hatten damit gerechnet, dass es über das Thema Flugroutenfestlegung und die dahinter liegende Frage des zu erwartenden Fluglärms noch einmal eine größere Debatte geben könnte. In einer durch Stuttgart 21 vorgewärmten öffentlichen Grundstimmung präsentierte die Deutsche Flugsicherung im September 2010 ihre Vorschläge für die BER-Flugrouten. Nach einigen Wochen wurde klar, wie stark sie darin von bisherigen Annahmen und Prognosen abwich. Dass die neuen Planungen besonders lärmbelastete Anwohner schonen sollten, drang nicht durch: die Flugsicherung hatte unterschätzt, wie gravierend ihre Planungen mit bestehenden Erwartungen vieler Gemeinden und Bürger – selbst in größerer Entfernung zum Airport – kollidierten.

In der lokalen Öffentlichkeit und den regionalen Medien baute sich eine Welle der Empörung auf. Engagierte Bürger gingen auf die Straße und taten ihr Missfallen über die Flugrouten- und teilweise auch über die Flughafenplanungen kund. Einige von ihnen sind seitdem treue Begleiter des wichtigsten Zukunftsprojekts für die deutsche Hauptstadtregion. Sie kommentieren alle Entwicklungen, versuchen, jede Entscheidung zu beeinflussen, und reagieren regelmäßig mit offenem Protest.

Für die Flughafengesellschaft ging es in dieser Phase um zwei Hauptziele: Erstens tat jede Menge Sachaufklärung not. Entgegen des schnell geäußerten Verdachts von Vertuschungen durch Politiker und Management des Flughafens fallen Flugroutenplanung und -festlegung explizit in die Verantwortung der Flugsicherung und der dazugehörigen Aufsichtsbehörde. Die Flughafengesellschafter Berlin und Brandenburg und sogar die für die Flughafengenehmigung federführende Behörde des Landes Brandenburg können darauf nur begrenzt einwirken.

Zweitens unterstützte die Flughafengesellschaft die Suche nach verbesserten Lösungen. Als zentrale Plattform dafür bot sich die Fluglärmkommission an, die in Berlin wie an anderen Airports dazu da ist, aktuelle Fragen zum Flugverkehr und der Flughafenplanung mit Bürgerinitiativen und Vertretern von Nachbargemeinden und angrenzenden Stadtteilen zu erörtern. Es gab allerdings eine praktische Hürde: Ab Herbst 2010 gab es in etlichen Berliner Stadtbezirken und Brandenburger Gemeinden immer mehr und immer größere Demonstrationen. Als Folge wuchs der Kreis der teils mehr, teils weniger vom zukünftigen Airport betroffenen Kommunen und damit die Zahl der Vertreter in der Fluglärmkommission stark an. Es wurde immer schwieriger, bei teils entgegengesetzten Interessen – des einen Belastung ist des anderen Entlastung – innerhalb der Fluglärmkommission zu eindeutigen Empfehlungen an die Deutsche Flugsicherung zu kommen.

2011: für Mutbürger ein gutes, für Wutbürger ein schlechtes Jahr

Es war mehr als mühselig, die Flugroutenproteststürme zu durchstehen, aber aus heutiger Sicht ist klar: Bürgerbeteiligung lohnt sich. Denn die Flugrouten, die im Januar 2012 verabschiedet wurden, sind nicht zuletzt dank der Arbeit von Fluglärmkommission und Bürgerinitiativen um ein Vielfaches besser als die am Reißbrett entstandenen Planungen vom September 2010. Die Debatten um die Flugrouten am BER entspannten sich im Verlauf des Jahres 2011 deutlich – ein klarer Hinweis, wie wertvoll ausgeweitete, produktive Bürgerbeteiligung für die gesellschaftliche Akzeptanz von Großprojekten geworden ist.

Stuttgart 21 brachte noch etwas anderes an den Tag: Es gibt engagierte Bürger, die sich und ihre Vorstellungen in einen Meinungsbildungsprozess einbringen wollen. Es gibt aber auch Fundamentalkritiker, die sich selbst durch letztinstanzliche Urteile und Volksbefragungen nicht überzeugen lassen und ihre persönlichen Belange über das Allgemeinwohl und demokratisch getroffene Entscheidungen stellen.

Das Göttinger Institut für Demokratieforschung hat das Phänomen Wutbürger genauer untersucht, unter anderem anhand von Befragungen unter Gegnern von Stuttgart 21 und Fluglärmgegnern in Berlin und Brandenburg. Die Ergebnisse der Studie sind aufschlussreich:

- Es sind nicht nur hehre Ziele wie die Stärkung von Bürgerrechten oder der Schutz seltener Käfer, die die Bürger antreiben. Meist sind es ganz profane, persönliche Motive. In den meisten Bürgerinitiativen geben Immobilien- und Hausbesitzer den Ton an. Die Sorge um die Wertminderung des eigenen Grund und Bodens ist eine maßgebliche Antriebsfeder des Protests: Über 90 Prozent der Protestierenden sind Grundstücks- und Wohnungseigentümer.

- Über 70 Prozent der Befragten sind über 45 Jahre alt. Junge Generationen sind hingegen deutlich unterrepräsentiert. Nur sechs Prozent der Protestierenden sind zwischen 16 und 35 Jahren alt.
- Es ist der Protest der Akademiker, Arrivierten und Besserverdienenden: Über 60 Prozent haben einen Hochschulabschluss. 37 Prozent der Protestierenden arbeiten als Angestellte, 21 Prozent sind Rentner, 18 Prozent Selbstständige, 11 Prozent Beamte. Arbeiter, Auszubildende und Erwerbslose sind kaum vertreten.
- 90 Prozent der zu Stuttgart 21 Befragten misstrauen Politik und Parteien und fordern mehr Beteiligung und direkte Demokratie. Sollte eine etwaige Volksbefragung jedoch der eigenen Präferenz zuwiderlaufen, würden satte 62,5 Prozent dieses Ergebnis nicht akzeptieren.

Einen ähnlichen Unwillen, demokratisch legitimierte Mehrheitsentscheidungen zu akzeptieren, stellen wir bei einer Minderheit in Berlin-Brandenburg auch fest. Bürgerinitiativen schossen 2010 und 2011 wie Pilze aus dem Boden. Bündnisse bildeten sich, zerstritten sich, formierten sich neu. Und während sich die Mutbürger für konstruktive Lösungen einsetzten, radikalisierte sich ein kleiner Kern von Wutbürgern immer weiter und begann mit Fundamentalforderungen wie »Baustopp sofort!« und »Neuplanung sofort!« aufzuwarten. Seit dem Urteil des Bundesverwaltungsgericht vom 13. Oktober 2011 mit seiner letztinstanzlichen Bestätigung des ergänzenden Planfeststellungsbeschlusses und der Kompromisslösung zu Flügen in den Randzeiten im Januar 2012 fanden die BER-Gegner deutlich weniger Gehör in Medien und Öffentlichkeit.

Neue Herausforderungen, neue Chancen

Gesteigertes Interesse am Flughafen und ein langer Flugroutenstreit – aus den Diskussionen um den Flughafen Berlin Brandenburg können wir einige Lehren ziehen:

1. Die beschränkten Kapazitäten auf den großen deutschen Flughäfen sind ein Hemmschuh der wirtschaftlichen Entwicklung Deutschlands. Um die Energiewende zu schaffen, müssen in den nächsten Jahren Tausende Kilometer Stromleitungen neu gebaut werden. Allein das Bundesverkehrsministerium will in den nächsten Jahren über 40 Milliarden Euro in den Ausbau der Verkehrsinfrastruktur stecken. Politik, Behörden und Unternehmen sind angesichts dieses gewaltigen Handlungsdrucks gut beraten, die Vorteile geplanter Infrastrukturprojekte klarer zu benennen und die eigene Agenda deutlicher zu machen. Gerade Flughäfen haben es mit hochprofessionellen Bürgerinitiativen zu tun. Für uns heißt das, stärker als in den zurückliegenden Jahren zu betonen: Flughäfen sind wie Straßen und Schienen infrastrukturelle Selbstverständlichkeiten. Flughäfen stehen für Arbeitsplätze und Wohlstand. Ohne sie wird es uns nicht gelingen, im weltweiten Wettbewerb ein Wörtchen mitzureden.
2. Gleichzeitig sind Politik, Behörden und Unternehmen gefordert, Mutbürger in die

Suche nach möglichst guten Lösungen aktiv einzubinden. Flughäfen müssen auch für offenen und fairen Dialog mit den Anwohnern stehen, die die Belastungen durch den Flughafen wie möglich minimiert wissen wollen. Die Basis für konstruktive Dialoge ist zweifelsohne vorhanden. Das Göttinger Institut für Demokratieforschung hat festgestellt, dass viele BER-Protestierende dem Flughafen auch positive Seiten abgewinnen können. 42 Prozent der Befragten erwarten neue Arbeitsplätze durch den Flughafen. Rund 30 Prozent meinen, der Flughafen befördere durch neue Investitionen einen regionalen Aufschwung.

3. Der BER-Flugroutenstreit hat objektive Defizite offengelegt: Planungsverfahren in Deutschland dauern zu lange. Wer kann sich heute noch daran erinnern, was bei den Bürgerbeteiligungen in den Jahren 2000 und 2001 zum Flughafen diskutiert wurde? Bei Flughäfen kommt ein spezielles Problem dazu: Während die Flughafengenehmigung in Länderhoheit fällt, ist die Flugroutenfestlegung Bundessache. Beide Verfahren sind nur sehr lose miteinander verknüpft. Der Ärger ist vorprogrammiert. Der Gesetzgeber ist gefragt, hier Abhilfe zu schaffen.

4. Die Lärmwirkungsforschung kommt zu dem Schluss, dass gleicher Lärm auf jeden Einzelnen unterschiedlich wirken kann. Je nach Vorprägung oder Assoziationen, die man mit einem Geräusch verbindet, empfindet man es als angenehm oder störend. Kaum einer wäre während der Berlin-Blockade 1948/49 auf die Idee gekommen, sich über den Lärm der Rosinenbomber zu beschweren. Das Dröhnen der Motoren war das Geräusch von Freiheit und Solidarität in einer existenziell bedrohlichen Situation. Heute verhandelt unsere Gesellschaft neu, wem wie viel Lärm zuzumuten ist – das zeigt das Beispiel Flughafen Berlin Brandenburg überdeutlich. Die öffentliche Wahrnehmung verengt sich bei dieser Diskussion oft auf Fluglärm, doch diese Betrachtung halte ich für zu eindimensional. Nur mit einer Gesamtlärmbetrachtung über alle Verkehrsträger hinweg können wir die Belastung durch Lärm sinnvoll verringern. Dabei muss uns klar sein: Es lohnt sich, an Flüsterbremsen, leisem Asphalt und lärmarmen Anflugverfahren zu arbeiten. Aber geräuschlose Mobilität wird es – zumindest auf absehbare Zeit – nicht geben.

5. Unternehmen müssen Großprojekte künftig transparenter gestalten, indem sie Information, Sachaufklärung und ernsthafte Dialoge vorantreiben. Wir konnten 2011 eine Viertelmillion Menschen auf der BER-Baustelle begrüßen, allein 50.000 beim Tag der offenen Tür im Juni. 20.000 Menschen aus der gesamten Republik meldeten sich innerhalb weniger Wochen freiwillig bei uns als Flughafentester. Den aktiven Austausch mit anderen Akteuren und den Flughafennachbarn betrieb die Flughafengesellschaft in Fluglärmkommission und im Dialogforum, über das Besucherzentrum, bei Jobmessen sowie in ungezählten Bürgerversammlungen und Vor-Ort-Terminen im Umfeld.

6. Vorsicht vor zu großen Erwartungen: Gesellschaftliche Konflikte lassen sich auch durch intensivste Kommunikation nicht wegdiskutieren, sondern allenfalls abmildern. Oder wie es Ralph Kotsch in seinem Essay »Ungerecht, aber unausweichlich« in der Berliner Zeitung vom 26. Januar 2012 formuliert: »Die Mehrheit wird sich freuen und eine Minderheit muss mit den negativen Folgen des Flughafens zurechtkommen. Das ist schlecht und ungerecht. Aber anders geht es nicht.«
7. Die Boulevardisierung der Medien schreitet unaufhaltsam voran. Schnell starteten während der Flugroutendebatte Artikelserien unter Überschriften wie »Achtung Fluglärm!«. Sorgfältige Recherche blieb schnell auf der Strecke, auch in seriösen Medien, denn es gibt auch eine intellektuelle Spielart der Boulevardisierung. Im Feuilleton der FAZ erschien etwa am 29. September 2010 ein Artikel mit der Überschrift: »Arkadien riecht nach Kerosin«. Die hanebüchene These: »Die geänderten Startrouten des neuen Großflughafens im Süden Berlins drohen die Schlösserlandschaft rings um den Wannsee zu einer Lärm- und Abgaszone zu machen – das Weltkulturerbe ist in Gefahr.« Nur zur Klarstellung: Die Potsdamer Schlösserlandschaft liegt 40 Kilometer vom neuen Flughafen entfernt. Und kein Wort ist im Artikel davon zu lesen, dass mit der Schließung von Tegel die lautesten Lärmereignisse in Potsdam schlichtweg entfallen.
8. Bürger- und Netzintelligenz sind für jedes Unternehmen und jede Organisation frei verfügbar. Wir müssen nur die Augen aufmachen. Unternehmen tun gut daran, ihre Onlineplattformen im Internet auszubauen. Sie können so die oft schweigenden Mehrheiten sichtbarer machen. 2011 gingen nacheinander der Blog und die Facebook-Seite »berlinairport« an den Start, gefolgt im März 2012 von der Preview-Website zum BER. Allein auf der BER-Facebookseite haben sich mittlerweile 20.000 Fans eingefunden. Das ist ein Vielfaches derjenigen, die Seiten von Bürgerinitiativen zum Flughafen BER folgen. Auf der BER-Facebookseite finden neben Web-2.0-typischen Fanmeldungen auch kontroverse Diskussionen um den neuen Flughafen, um die Schließung von Tegel oder zu Servicethemen statt, die wir als Unternehmen mit Fakten und Hinweisen zu unserer Sicht der Dinge ergänzen können. Aktuelle Zeitungsartikel und Links zu Fernsehbeiträgen werden von Usern regelmäßig gepostet und diskutiert, sodass sich ein breites und differenziertes Meinungsspektrum auf der Seite findet. Auch offene Auseinandersetzungen im Web 2.0 kann man aushalten, ohne dass man sich als Unternehmen gleich auf den Schlips getreten fühlen muss. Sascha Lobo schreibt in seinem Text »Die Dagegen-Öffentlichkeit« (Spiegel Online, 30. März 2011): »Empörung ist nicht nur der Antrieb des neugrünen Wutbürgers, sondern auch der digitalen Dagegen-Öffentlichkeit

> [...], die kommende Herausforderung [besteht] darin, die große politische Energie im Netz ins Konstruktive zu verwandeln.« Er hat Recht.

Kurz vor Redaktionsschluss: Im Mai 2012 wurde der Eröffnungstermin für den Flughafen Berlin Brandenburg verschoben. Die seitdem geführten öffentlichen Debatten um den Flughafen finden in diesem Beitrag noch keinen Niederschlag.

3.4 Digitaler Protest auf der Straße – Das Beispiel »Street-Tweeter« und die Kampagne »In die Zukunft säen«

Tobias Kahler, Direktor ONE Deutschland

ONE und Mobilisierung

ONE ist eine Lobby- und Kampagnenorganisation, die gegen extreme Armut – insbesondere in Afrika – kämpft und sich für Rechtsstaatlichkeit, Rechenschaftspflicht und Transparenz stark macht. ONE führt keine eigenen Hilfsprojekte durch oder sammelt Spenden, sondern versucht mit Unterstützung von mehr als 3 Millionen Menschen weltweit, Öffentlichkeit herzustellen und gezielten Druck auf politische Entscheidungsträger auszuüben.

Bei ONE glauben wir an die Kraft gemeinsamen Handelns und dass unsere Stimmen zusammengenommen nicht auf Dauer ignoriert werden können. Wir versuchen unseren Unterstützern eine Plattform zu geben, die es ihnen ermöglicht, Botschaften an die Politik zu einem geeigneten Zeitpunkt und in geeigneter Form zu kommunizieren. Dabei wollen wir niedrigschwellige Angebote ebenso schaffen wie Aktivitätsformen für hoch engagierte Unterstützer – vom einfachen Klick bis hin zur Organisation von Veranstaltungen. Zugleich sollen natürlich auch relativ einfache Aktivitäten eine möglichst hohe Sichtbarkeit und politische Wirkung entfalten.

Das Thema

Nicht zuletzt nach der Hungersnot am Horn von Afrika rückte das vernachlässigte Thema Welternährung wieder auf Agenden internationaler Politikarenen, wie dem G8-Gipfel 2012 in Camp David, USA. Trotz vieler Fortschritte leiden noch immer fast 900 Millionen Menschen Hunger. Dabei können gezielte Investitionen in die Landwirtschaft einen fundamentalen Wandel bewirken – insbesondere in den afrikanischen Ländern südlich der Sahara, in denen fast zwei Drittel der Bevölkerung in der Landwirtschaft arbeiten. Die Weltbank schätzt, dass Wachstum in der Landwirtschaft für die Reduzierung der Armut doppelt so wirksam wie Wachstum in anderen Sektoren ist. Basierend auf den Forschungsergebnissen des ONE-Policy-Teams wurde eine klare ambitionierte, aber realistische Forderung an die Politik gerichtet, die das politische Hauptziel der Kampagne wurde: Die landwirtschaftlichen Investitionspläne von 30 der ärmsten Volkswirtschaften der Welt sollten ausreichend finanziert werden, um so 50 Millionen Menschen zu helfen, sich aus extremer Armut zu befreien.

Die Kampagne

Die globale Kampagne »In die Zukunft Säen« setzte im Verlauf mehrerer Wochen bis zum G8-Gipfel Mitte Mai auf einen die Lobby- und Medienarbeit mit verschiedenen Formen der Unterstützermobilisierung integrierenden Ansatz. Im Folgenden sollen vor allem die Elemente der Mobilisierung beschrieben werden.

Die Kampagne wurde am 10. April 2012 mit öffentlichkeitswirksamen Bildterminen in Paris, Washington, D.C., London und Berlin gestartet. Bestehende ONE-Unterstützer wurden per E-Mail und Social Media aufgefordert, einen Petitionstext zu unterstützen und die Petition an Freunde und Bekannte weiterzuleiten. Zudem wurden bei verschiedenen Veranstaltungen Unterschriften gesammelt. Insgesamt schlossen sich über 300 000 Menschen einem Aufruf an die Staats- und Regierungschefs der G8 und an afrikanische Regierungen an. Diese Unterschriften wurden in mehreren Ländern in Europa, Afrika und Amerika im Rahmen eines Bildtermins zusammen mit ONE-Unterstützern überreicht. In Deutschland wurden die Unterschriften etwa an Dr. Helen Winter, die Leiterin des Sherpa-Teams, und an Matthias Licharz, den Experten für Entwicklungspolitik im Kanzleramt, überreicht.

Die Unterzeichner der Petition wurden in einem nächsten Schritt aufgefordert, ihre Forderungen an die Politik auf persönliche Postkarten zu schreiben. Diese Postkarten wurden aus speziellem, kompostierbaren Papier hergestellt, welches pflanzbare Möhrensamen enthielt. Diese wurden zu Tausenden an das Weiße Haus, das Bundeskanzleramt und andere Regierungszentralen geschickt.

»In die Zukunft sähen« erreichte mit der Street-Tweeter-Aktion ihren Höhepunkt: ONEs Street Tweeter war ein mobiler und hydraulischer Roboter, der mit Tweets aus der ganzen Welt »gefüttert« wurde und diese dann mit ungiftiger und wasserlöslicher Farbe auf die Straße druckte. ONE nutzte den Street Tweeter wenige Tage vor dem G8-Gipfel in Camp David (18.–19. Mai), um Nachrichten von Menschen auf der ganzen Welt auf die Straße zu drucken. Diese Unterstützer wurden aufgerufen, eine Nachricht mit bis zu 40 Zeichen an @ONEStreetTweet zu twittern. Alle gedruckten Nachrichten wurden fotografiert und dann dem Absender zurückgeschickt und in einer Fotogalerie auf ONE.org veröffentlicht.

In wenigen Tagen erhielten wir weit über 5.000 Tweets. Der Street-Tweeter druckte die Nachrichten etwa auf der Straße »Route 77« auf dem Weg von Washington, D.C., nach Camp David und in der Nähe von bekannten Sehenswürdigkeiten von Washington, D.C., wie dem Weißen Haus, auf der Pennsylvania Avenue. Viele bekannte deutsche und internationale Persönlichkeiten wie Langstreckenläufer Mo Farah, Fußballstar Didier Drogba, Schauspieler Colin Farrell, Sängerin Angelique Kidjo, Kabarettistin Lisa Fitz, Schauspieler Jan Josef Liefers, Sängerin und Schauspielerin Anna Loos und Moderatorin Minh-Khai Phan-Thi tweeteten mit.

Fazit

Die Kampagne »In die Zukunft säen« war bei ONEs Unterstützern sehr beliebt; viele neue Menschen schlossen sich ONE an. Insbesondere die cross-mediale Komponente des Street-Tweeters, die innovative Koppelung digitalen Engagements mit realem »Straßenprotest«, fand großen Anklang und auch besondere Beachtung im medialen und politischen Raum. In weit über 100 Beiträgen wurden weit über 10 Millionen Menschen über die Aktion informiert – von der New York Times, CNN, Reuters, Bild, Süddeutscher Zeitung u. v. m. Dabei spiegelte sich innerhalb der gesamten Kampagne der Ansatz wider, dass eben Jede/-r mitmachen kann, egal ob bekannt oder nicht, und dass wir unsere Mitglieder auf eine »Reise« mitnehmen wollen: vom einfachen Unterstützen der Petition per Mausklick, zu intelligenten Tweets, Postkarten beschreiben und Petitionsübergaben an politische Stakeholder.

Und was hat die Kampagne politisch gebracht? Auch wenn der G8-Gipfel nicht in allen Punkten die Forderungen von ONE erfüllte, so wird im Abschlusskommuniqué zugesagt, dass 50 Millionen Menschen durch Investitionen in Landwirtschaft aus der Armut befreit werden sollen.

Für die Zukunft gilt: Einfache Onlinekampagnen wie One-Click oder Facebook-Like-Petitionen werden (zunehmend mobil gestützt) weiter zunehmen und eine Rolle spielen. Um aber verstärkt mediale Sichtbarkeit und politische Relevanz zu gewinnen, müssen solche digitalen Ansätze in den kommenden Jahren zunehmend mit innovativen und kreativen Elementen gekoppelt sein, die oftmals auch eine höhere Schwelle als »ein Klick« erfordern.

3.5 Die Havelretter

von Christian Arns, Vorsitzender des Berliner Landesverbands vom Bund für Umwelt und Naturschutz Deutschland (BUND)[1]

Tigerbabys retten? Super! – Kleine, pelzige Kätzchen vor dem sicheren Tod bewahren? Geradezu ein Kinderspiel. Na gut, das gerade nicht, aber es ist ein dankbares Thema, wenn man Menschen ansprechen, sie emotional anrühren und dazu bewegen will, eine Kampagne finanziell zu unterstützen.

Aber der Kampf gegen die Ausbaggerung des Sacrow-Paretzer-Kanals?

Da meldet sich sogleich der Spötter zu Wort: Klasse, das klingt schon nach einem Spitzenthema für erfolgreiche Kampagnenarbeit. Der Kampf gegen die Ausbaggerung des Sacrow-Paretzer-Kanals und der Havel, des Teltowkanals und der Spree. Man sieht die frenetischen Massen gleich bildlich vor sich, die sich sammeln, um der populären Forderung zum Durchbruch zu verhelfen. Fast noch attraktiver klingt der übergeordnete Kampf, dessentwegen dieser Ausbau verhindert werden muss: der Protest gegen Projekt VDE 17.

Dass dem Havel-Aktionsbündnis eine erfolgreiche PR-Kampagne zu diesem Thema gelungen ist, ist Grund und Anlass für diesen Beitrag. Doch der Reihe nach. Genau genommen wird die erstaunliche und erstaunlich erfolgreiche Kampagne in folgenden sechs Schritten erläutert:

1. Zusammenfassung
2. Vorgeschichte
3. Konzertierte Gegenwehr
4. Die finale Kampagne
5. Eine Einordnung
6. Ausblick

1. Zusammenfassung

Das Aktionsbündnis gegen den Havelausbau (»Havelbündnis«) hat in bald 19-jähriger Arbeit verhindert, dass ökologisch wertvolle Flächen entlang mehrerer Flüsse und Kanäle in Brandenburg und Berlin zerstört wurden. Diese sollten nach dem Willen der Kohl-Regierung in gigantischen Dimensionen ausgebaut werden, die so niemand benötigte. Obwohl es ein von Beginn an sperriges Thema war, hat das Bündnis seit 1992 ungezählte Aktivitäten ent-

1 Um Missverständnisse zu vermeiden: Die eigentliche Arbeit des BUND wurde insbesondere vom Fachreferent für Flusspolitik, Winfried Lücking, geleistet. In den Hochphasen der finalen Kampagne war zudem Landesgeschäftsführer Tilmann Heuser stark involviert. Der (ehrenamtliche) Landesvorstand war stets eingebunden und er traf die erforderlichen Entscheidungen, war aber weder zentraler Treiber noch Ausführender. Um es klar zu sagen: Ich selbst hatte denkbar geringen Anteil am Erfolg der Havelretter.

lang der betroffenen Flüsse organisiert und koordiniert. In der Hochphase der Gegenwehr organisierte der Berliner Landesverband des Bunds für Umwelt und Naturschutz Deutschland (BUND) eine zweijährige, vielschichtige Kampagne. Diese reichte von konstruktiver Detailarbeit zusammen mit den zuständigen Verwaltungen über massive Lobbyarbeit auf Landes-, Bundes- und EU-Ebene, kontinuierliche Medienarbeit und einem Drittmittelprojekt an der Technischen Universität Hamburg-Harburg bis hin zu öffentlichkeitswirksamen Protesten und einer Klage vor dem Bundesverwaltungsgericht. Über 20.000 Menschen aus Berlin und Brandenburg schlossen sich dieser Kampagne als Flussretter an.

Mit Erfolg: Im September 2009 fiel die Entscheidung des Bundesverkehrsministeriums, Havel und Spree nicht mehr für den Begegnungsverkehr von Großmotorgüterschiffen auszubauen. Damit blieben wertvolle Uferregionen erhalten. Die Verbreiterung und Vertiefung des Sacrow-Paretzer Kanals wurde auf ein Minimum reduziert, Hunderte von Uferbäumen gerettet.

Fünf Elemente waren entscheidend: die eindeutige Grundbotschaft, die parallel verlaufende inhaltliche Detailarbeit, die präzise Analyse des Umfelds, die große Zahl der gemeinsam agierenden Institutionen und die Vielfalt der miteinander verzahnten Kampagnenelemente.

Für die Zukunft heißt das: Wer Großprojekte plant, sollte frühzeitig und aufgeschlossen kommunizieren, um das vor Ort verfügbare Wissen im Sinne der bestmöglichen Lösung zu nutzen. Wer dem Irrtum unterliegt, bei der Kommunikation zu Großprojekten gehe es nur darum, die ohnehin brillanten eigenen Pläne zu erläutern, wird scheitern. Denn dann werden sich immer wieder Gegner zu schlagkräftigen Bündnissen formen, die Expertenwissen mit modernem Kampagnenmanagement verbinden.

2. Vorgeschichte

In der Euphorie der deutschen Einheit stand ein Punkt für die damalige Bundesregierung fest: Die neuen Länder brauchen eine Verkehrsinfrastruktur wie die des Westens, um zackig von den Segnungen der florierenden Wirtschaft zu profitieren. Außerdem müssen Ost und West auf dem Verkehrsweg flott zusammenwachsen. Neben dem Soli-Zuschlag sollten Autobahnen, Schienen und eine Wasserstraße das West-Glück bringen. Zugegeben: Die gepflasterten Straßen waren wirklich nicht so der Hit; spätestens an den tiefen Schlaglöchern erkannte man Anfang der 90er-Jahre noch zuverlässig, dass man auf einer Ostautobahn fuhr.

So legte der aus Mecklenburg-Vorpommern stammende Bundesverkehrsminister Günther Krause im April 1991 das Programm »Verkehrsprojekte Deutsche Einheit« (VDE) vor. Es enthielt die wichtigsten infrastrukturellen Bauvorhaben der Bundesregierung für die neuen Länder. Das Programm war ein Vorgriff auf den Bundesverkehrswegeplan, der erst ein Jahr später verabschiedet wurde. Nach Zeitungsberichten rechnete der Minister damals damit, die 17 VDE-Einzelvorhaben bis zum Jahr 2000 umsetzen zu können.[2]

Das letztgenannte Verkehrsprojekt der Liste war das einzige, das sich auf Flüsse bezog: eine komfortable Bundeswasserstraßenverbindung von Wolfsburg über Magdeburg bis Berlin. Große Lastschiffe und ganze Schubverbände, wie sie sonst auf dem Rhein fahren, sollten über den Mittellandkanal und ein neues Wasserstraßenkreuz in Sachsen-Anhalt, die Havel und die Spree bis in die neue Bundeshauptstadt fahren können. Dass die Schiffer dieses wollen würden und dass man ihnen die Strecke schon mal freiräumen müsse, daran bestand innerhalb der schwarz-gelben Bundesregierung kein Zweifel.

Beinahe alle 17 Projekte wurden umgehend massiv kritisiert. Um diesen Text nicht unnötig in die Länge zu ziehen, sei verkürzt begründet: Erstens waren beinahe alle Vorhaben mit massiven Eingriffen in die Natur verbunden, zweitens war das sogenannte Sankt-Florians-Prinzip, nach dem Dinge zwar gerne in allgemeinen, aber bitte nicht vor der eigenen Haustür gebaut werden sollen, in einzelnen Fällen der Gegenwehr beinahe schulbuchmäßig nachzuweisen, drittens erwarb sich Günther Krause als Bundesverkehrsminister selbst in parteipolitisch wohlmeinenden Kreisen nicht gerade den Ruf, ein übermäßig moderner, die Anforderungen natürlicher Lebensgrundlagen sonderlich berücksichtigender Verkehrspolitiker zu sein.

Auch der geplante Ausbau der West-Ost-Wasserstraße, VDE 17, galt vielen eher als überdimensioniert bis hin zu größenwahnsinnig: Fast zwei Milliarden Euro sollte das Großprojekt kosten. Auf 280 Kilometern sollten die Flüsse und Kanäle auf eine Tiefe von vier Metern ausgebaggert und auf eine Breite zwischen 42 und 77 Metern verbreitert werden. Große Teile der bisherigen Uferlandschaft wären damit dem Ziel geopfert worden, dass sich riesige Schiffe und Schubverbände mit einer Länge von bis zu 185 Metern auch in jeder nur erdenklichen Kurve problemlos hätten begegnen können. Gefährdet waren dadurch u. a. die ohnehin seltenen Fischotter, zudem Biber und Seeadler. Seltene Pflanzenarten und ganze Röhricht-Flächen wären zerstört worden. Dabei bestanden von Beginn an erhebliche Zweifel, ob jemals so viele und so große Schiffe diese Flüsse befahren würden.

Neben aller inhaltlichen Kritik gab es erhebliche Zweifel an der Legitimität, da die Parlamentsmehrheit aus CDU, CSU und FDP parallel im Bundestag das Verkehrswegeplanungsbeschleunigungsgesetz[3] beschloss, mit dem sonst übliche Verfahren und Mitwirkungsrechte von Anwohnern und sonstigen Betroffenen erheblich eingeschränkt

2 Zorn 1992

3 Liebe Leserinnen und Leser, als Autor dieses Aufsatzes bitte ich Sie um Entschuldigung dafür, dass ich Ihnen dieses grauenvolle Wort mit seinen 41 Buchstaben nicht ersparen kann. Kurz vor Schluss steht es sogar ein zweites Mal – sorry.

wurden. In der pointiert-überspitzten Auseinandersetzung wurde es immer wieder mit dem Ermächtigungsgesetz[4] aus dem März 1933 verglichen.

Um bereits hier auf Bewertung und Ausblick vorzugreifen: Weil eben nicht »Betroffene zu Beteiligten« gemacht wurden, wie der heutige Bundesverkehrsminister Dr. Peter Ramsauer in diesem Buch schreibt, und keine Gespräche gesucht wurden, um »Projekte zu verbessern«, wie Franziska Krasnici empfiehlt, gab es von Beginn an fundamentale Gegner der 17 Verkehrsprojekte Deutsche Einheit.

3. Konzertierte Gegenwehr

Mit dem Plan, die Wasserstraße von Wolfsburg bis fast an die polnische Grenze zu vertiefen und massiv zu verbreitern, entstand die Gegenwehr. Bereits 1992, also im Jahr nach dem Regierungsbeschluss zu den VDE, gründeten die Umweltverbände Grüne Liga, Naturschutzbund, Deutsche Umwelthilfe und der Bund für Umwelt und Naturschutz Deutschland (BUND) zusammen mit lokalen Initiativen das »Aktionsbündnis gegen den Havelausbau«.

30 Organisationen aus Berlin und Brandenburg bilden dieses Havelbündnis. So koordinierten die Aktiven ihre Proteste, stimmten sie bestmöglich aufeinander ab und informierten sich wechselseitig über inhaltliche Erkenntnisse und Fortschritte ihrer Überzeugungsarbeit. Formal gab es nie eine Leitung dieses lose zusammenarbeitenden Bündnisses. Allerdings richtete der Berliner BUND ein Flussbüro in seiner Landesgeschäftsstelle ein. Der hier beschäftigte Fachreferent leistete einen erheblichen Teil der inhaltlichen Arbeit und der Gesamtkoordination. Bei einer Reihe organisatorischer Aufgaben stand weiteres Personal zur Verfügung. Nur so konnte eine kontinuierliche Auseinandersetzung mit VDE 17 über bald zwei Jahrzehnte sichergestellt werden.

Ehrenamtliches Engagement gab es insbesondere jeweils vor Ort. Im gesamten Zeitraum fanden an zahlreichen Orten entlang der betroffenen Gewässer sowohl Informationsveranstaltungen als auch Aktionen statt, die eher dazu dienten, Aufmerksamkeit bei der Bevölkerung und den Medien zu erzeugen. Außerdem führten die Aktiven konsequent Gespräche mit Fachleuten und Entscheidern auf allen Ebenen: Die lokalen Ehrenamtler hatten regen Kontakt zu ihren jeweiligen Kommunalpolitikern vor Ort, aber auch zu den für die jeweiligen Wahlkreise verantwortlichen Landtags- und Bundestagsabgeordneten.

Die Verbände waren im dauerhaften Austausch mit den Verwaltungen, etwa der in Magdeburg ansässigen Wasserschifffahrtsdirektion Ost oder mit den Fachleuten

4 Das Ermächtigungsgesetz (»Gesetz zur Behebung der Not von Volk und Reich«) vom 23. März 1933 gab der Regierung unter Reichskanzler Adolf Hitler die Ermächtigung, Gesetze ohne Zustimmung von Reichstag und Reichsrat sowie ohne Gegenzeichnung des Reichspräsidenten zu erlassen. Es gilt als der zentrale Schritt, mit dem die junge Demokratie in Deutschland faktisch abgeschafft und den Nationalsozialisten zur uneingeschränkten Herrschaft verholfen wurde.

in den Verkehrs- und Umweltverwaltungen von Brandenburg und Berlin. Von Beginn an unterbreiteten insbesondere die Verbände Gegenvorschläge zu den vielen, vielen Einzelvorhaben, die alle zusammen erst das Projekt VDE 17 ausmachten. Zudem waren gerade die Hauptamtler dauerhaft selbst mit solchen Institutionen im Kontakt, die nur mit Teilaspekten zu tun hatten. Beispielhaft seien der Haushaltsausschuss des Deutschen Bundestags und die EU-Kommission genannt, der Bundesrechnungshof und einzelne Bundestagsfraktionen, zudem die Mitglieder der beiden Landesparlamente.

Kern der inhaltlichen Kritik war stets, dass der Ausbau gar nicht erforderlich war. 185 Meter lange Schubverbände, die eine Wassertiefe von vier Metern benötigen, sollten einander problemlos begegnen können. Die Prognose ging aber nur von einem Schiff dieser Art pro Woche aus. Damit galt der Ausbau sowohl finanziell als auch ökologisch als nicht gerechtfertigt.

Prägend für die Gegenwehr war also erstens, dass viele Akteure unterschiedlicher Größe, unterschiedlichen Organisationsgrades und erheblich differierender Reichweite über Jahre hinweg kooperierten. Zweitens war der Kampf für die Flüsse und Kanäle von dem konsequenten Nebeneinander verschiedener Aktivitätsarten geprägt[5]: von inhaltlicher Arbeit mit den Behörden in Sachfragen und steter Lobbyarbeit gegenüber Politikern von der Gemeindeebene bis zur EU, von unzähligen öffentlichkeitswirksamen Aktionen, dauerhafter Aufklärung der Interessierten und einer fortwährenden Begleitung all dessen durch Medienarbeit. Hinzu kam der systematische Austausch der Aktiven untereinander, um bei allen größtmögliche inhaltliche Kompetenz sicherzustellen.

Vielfach entwickelten die Verbände alternative Vorschläge zu den Ausbauplänen und erörterten diese mit den zuständigen Verwaltungen. So erzielten die Berliner Senatsverwaltung und die Umweltschützer beispielsweise im Sommer 2006 eine Einigung über einen veränderten Ausbau der Spree im Berliner Westen. Gab es Klärungsbedarf zu den neuesten Vorhaben der Landesregierungen, verfassten die Fachleute auf NGO-Seite Vorschläge für parlamentarische Anfragen, die mehrfach von unterschiedlichen Fraktionen in ihre Parlamente eingebracht wurden.

Die volle Bandbreite aller Aktivitäten lässt sich kaum auflisten: Selbstverständlich gab es größere und kleine Demonstrationen, es gab ungezählte Infostände der über 30 Organisationen. Zum 100-jährigen Jubiläum des Teltowkanals beteiligte sich das Havelbündnis am Fest und wies dabei auf die drohende Naturzerstörung hin. Als ihm ein Informationsstand untersagt wurde, organisierten die Ausbaugegner eine Fahrraddemonstration und erreichten so mehr Menschen, als sie es mit ihrem Stand vermutlich je geschafft hätten. Manche

5 Die vier Modelle von James Grunig und Todd Hunt zur Einteilung von Kommunikationskampagnen (Aufmerksamkeit; Information; asymmetrische Kommunikation; symmetrische Kommunikation) können hier nicht vertieft werden. Doch selbstverständlich dienen sie gleichermaßen zur Analyse der erfolgreichen Gegenwehr gegen VDE 17 als auch zur strategischen Planung künftiger Kampagnen.

feierten regelmäßig einen Havel-Badetag, etwa im kleinen Örtchen Schmergow, oder sprangen mit einem symbolischen und höchst medienwirksamen »Big Jump« in den Fluss.[6] Die Landeszentrale für politische Bildung Brandenburg lud im Mai 2002 zu einer Paddelstudienfahrt ein: »Wir wollen über den Sinn oder Unsinn dieses Projektes und seine möglichen Auswirkungen diskutieren [...]«[7] Vor Ort wurden gleichermaßen Tagungen organisiert wie ein Volksradeln gegen den Havel-Ausbau. Hilfreich wirkte 2004, dass die Naturfreunde Deutschlands und der Deutsche Anglerverband die Havel zur Flusslandschaft des Jahres kürten. So bot sich ein weiterer Anlass, ihre geplante Zerstörung medienwirksam zu thematisieren.

Dann kam alles anders: Die Geschichte des Projekts VDE 17 und der Gegenwehr zeigt einmal mehr, dass nicht alles planbar ist. Die zeitweiligen Pläne des Energieversorgers Vattenfall, ein neues Großkraftwerk in Berlin-Lichtenberg zu bauen, veränderten die Ausgangslage in zweifacher Hinsicht: Einerseits plante das Unternehmen sein Kohlekraftwerk unmittelbar an der Spree. Hätte die Kohle aus oder zumindest über Polen geliefert werden sollen, wäre dies ein Argument für die Befürworter der Ausbaggerungen gewesen. Der Ausbaudruck wäre damit gestiegen. Andererseits gab es in den Jahren 2005/2006 eine intensive Debatte über den Klimaschutz. Der Film »Eine unbequeme Wahrheit« von Davis Guggenheim und Al Gore thematisierte die Folgen der Erderwärmung und sensibilisierte große Bevölkerungsteile.[8] Die schädlichen Auswirkungen der Kohleverstromung wurden viel diskutiert, die Akzeptanz zusätzlicher Kohlekraftwerke war gering.

Damit war klar: Je stärker die Ausbaubefürworter das geplante Kohlekraftwerk als Argument nutzen würden, warum VDE 17 umgesetzt werden müsse, desto stärker würden sich Klimaschützer und Gegner der Verstromung fossiler Brennstoffe gegen den Ausbau von Havel, Spree und der Kanäle wenden. Insbesondere in Berlin gab es viele Menschen, die nie und nimmer für den Erhalt des Sacrow-Paretzer-Kanals zu gewinnen gewesen wären, wohl aber zum Protest gegen ein neues Kohlekraftwerk und seine Transportwege. Die Fraktion der Grünen stellte im Brandenburger Landtag eine Kleine Anfrage zum Zusammenhang zwischen Flussausbau und der geplanten Kohleverstromung, schon war das Thema in der medialen Öffentlichkeit – und der Protest wuchs. Damit wurde auch der Druck auf den damaligen Bundesverkehrsminister Wolfgang Tiefensee (SPD) erhöht.

6 Potsdamer Neueste Nachrichten vom 5. August 2005, »Ein Bad gegen den Havelausbau. Aktionsbündnis nennt Havelbadetag Werbung«

7 Homepage der Brandenburgischen Landeszentrale für politische Bildung, www.blpb.de, Termin am 17. Mai 2002

8 Der Dokumentarfilm »Eine unbequeme Wahrheit« (»An Inconvenient Truth«) hatte seine Premiere 2006 beim Sundance Film Festival. Al Gore wurde im Folgejahr zusammen mit dem Weltklimarat IPCC der Friedensnobelpreis verliehen.

BUND-Flussexperte Winfried Lücking kritisierte damals das Vorgehen der Behörden, die jeweils nur Planfeststellungsverfahren für kleine Bauabschnitte starteten: »Das wird wie immer scheibchenweise gemacht.«[9] Dadurch konnten sich jedes Mal nur wenige Betroffene zum gerade aktuellen Vorhaben äußern. Das Havelbündnis wirkte dem entgegen, indem es stets über die Gesamtzusammenhänge informierte und bereits dort öffentliche Aufmerksamkeit erzeugte, wo die Verwaltung noch kein offizielles Verfahren eingeleitet hatte.

4. Die finale Kampagne

Eines der kritisierten Scheibchen war das Verfahren für den Sacrow-Paretzer-Kanal. Dieser führt nördlich an Potsdam vorbei und wird von großen Teilen der Frachtschifffahrt genutzt, um den langen, im Süden verlaufenden Potsdamer Havelbogen zu meiden. Im Sommer 2007 wurde der Planfeststellungsbeschluss erlassen, nach dem ein besonders schützenswerter Bereich zerstört worden wäre.

Um das zu verhindern, gab es nur noch die Möglichkeit der gerichtlichen Klage. Ein solcher Schritt will gut überdacht sein, denn er bindet enorme personelle Ressourcen – und er ist schlichtweg teuer. Gleichzeitig bietet eine Klage vor dem Bundesverwaltungsgericht die Chance, »den Ausbau zu skandalisieren und eine klare Entscheidung gegen die weitere Fortsetzung [...] zu erzwingen«, wie ein internes Strategiepapier aus dem Juni 2007 besagt.

Der Berliner Landesverband des BUND entschied sich für diese Klage. Allerdings verband er diesen Schritt mit dem Beschluss, die Möglichkeit der öffentlichen Skandalisierung durch eine breit angelegte Kampagne zu nutzen. Damit setzte er sich offen an die Spitze der Gegenwehrbewegung und übernahm für alle Beteiligten erkennbar eine Koordinierungsrolle. Das war sowohl mit Blick auf die anderen Natur- und Umweltschutzverbände riskant, die seit Jahren am Havelbündnis beteiligt waren, als auch auf die lokalen Initiativen, die sich nicht durch einen vermeintlich übermächtigen Verband vereinnahmen lassen wollten.

Drei Gründe sprachen jedoch dafür: Der BUND hatte sich in der damals 15-jährigen Arbeit im Kampf gegen VDE 17 längst einen Namen als kompetenter und verlässlicher Ansprechpartner gemacht. Die faktische Federführung seines Flussbüros wurde von niemandem ernsthaft angezweifelt. Zweitens bot diese Kampagne dem BUND die Chance, die eigene Bekanntheit auch über die Szene der Umweltschützer hinaus zu erhöhen und so etwas stärker von der vielen Arbeit zu profitieren, die er seit Jahren in den schwierigen Kampf investiert hatte. Dritter und entscheidender Grund war die feste Überzeugung, dass nach den Jahren der vielen und vielfältigen Aktionen nun eine neue Intensität erforderlich war: Jetzt war der Zeitpunkt gekommen, zu dem nur noch eine sehr gut organisierte, aus zahlreichen ineinandergreifenden Maßnahmen bestehende Kampagne erfolgreich sein konnte.

9 Potsdamer Neueste Nachrichten vom 5. August 2005, »Ein Bad gegen den Havelausbau. Aktionsbündnis nennt Havelbadetag Werbung«

Ein vierter Punkt kam als vage Hoffnung hinzu: Dass es gelingen könnte, durch die Klage und die breit angelegte Kampagne die Bedeutung der Flüsse insgesamt ins Bewusstsein vieler Menschen zu bringen. Die Initiatoren hofften, ein Beispiel zu geben, das Schule machen könnte.

So startete der BUND Berlin Ende 2007 die Kampagne »Stopp Havelausbau! Flussretter zeigen Flagge«. Die anderen großen Umweltverbände wie der Naturschutzbund und die Deutsche Umwelthilfe wurden eingeladen, die Kampagne als Mitinitiatoren zu unterstützen. Die Federführung verblieb aber beim BUND-Flussbüro. Fortan prägte die gelb-schwarz-großkarierte Schifffahrtsflagge sämtliche Aktivitäten, online wie offline. Im Flaggenalphabet bedeutet dies »Bringen Sie Ihr Fahrzeug sofort zum Stehen« oder eben kurz »Stopp«. Die Kampagnenmacher nutzten diese auffällige und leicht wiederzuerkennende Visualisierung bei Veranstaltungen ebenso wie auf Infomaterialien und der neuen Kampagnen-Microsite www.stopp-havelausbau.de. Menschen wurden aufgefordert, »als Havelretter an Bord [zu] kommen«. Wer gegen den Ausbau unterschrieb, galt als Retter.

Zum Kampagnenauftakt wurde ein eindringliches Bild für die Medien inszeniert: Eine ganz in leuchtendes Blau gekleidete und mit langer blauer Perücke ausgestattete Mitarbeiterin verkörperte die Havel, die symbolisch von einem realen Bagger bedroht wurde. Hinter ihr scharten sich die Havelretter mit ihren gelb-schwarzen Flaggen, um ihr beizustehen. Damit war der fortan genutzte Begriff »Havelretter« etabliert und in ein starkes Bild gegossen. Noch Monate später wurden viele Berichte über den Kampf für den Erhalt der Flüsse in lokalen und regionalen Medien mit diesem Motiv bebildert.

Die Umweltschützer organisierten auch Veranstaltungen, die in erster Linie Spaß machen sollten, etwa den »Leuchtenden Fluss«. Im Mai 2008 standen kurz nach Sonnenuntergang über 1.200 Menschen mit Kerzen an den Ufern und auf den Brücken, um die bedrohten Flüsse zum Leuchten zu bringen. Durch solche Aktionen wurden auch Bevölkerungsgruppen auf den drohenden Ausbau aufmerksam, die sich sonst nicht für Fragen des Umweltschutzes interessieren. In einem internen Papier analysierte ein Aktiver: »Das Wasserstraßenneubauamt ist sehr unter Druck geraten und nutzt jede Möglichkeit, in die Offensive zu gehen. Für uns recht positiv, da wir dadurch noch mehr Aufmerksamkeit erlangen.«

Parallel zum lokalen Protest und der Lobbyarbeit auf allen Ebenen verabredete der Berliner BUND eine Kooperation mit der Technischen Universität Hamburg-Harburg: Der BUND zahlte die Drittmittel eines Forschungsprojekts, dafür erstellten die Harburger ein Gutachten zum tatsächlichen Bedarf der Schifffahrt. Dieses Gutachten sollte sowohl in der inhaltlichen Überzeugungsarbeit örtlicher, regionaler und nationaler Entscheidungsträger genutzt werden als auch für die Klage gegen den – dann belegtermaßen überflüssigen oder zumindest erheblich überdimensionierten – Ausbau des Sacrow-Paretzer-Kanals.

Aus Sicht des BUND war dieser Ausbau eine Verschwendung von Steuern. Daher schaltete er den Bundesrechnungshof ein. Damit war ein weiterer Akteur mit dem Problem befasst. Bemerkenswert war zudem, dass selbst abseits der Flüsse agierende Gruppen während der heißen Phase der Kampagne solche Aktivitäten aufgriffen und kommunizierten. So berichtete die eher kleine und sehr lokal im Berliner Süden arbeitende Bürgerinitiative »Rettet die Marienfelder Feldmark« in ihrem Newsletter: »Deshalb hat der BUND jetzt den Bundesrechnungshof eingeschaltet und fordert die Rechnungsprüfer auf, das Verkehrsprojekt VDE17 genau unter die Lupe zu nehmen.« Der »Landwehrkanal-Blog« meldete im Frühjahr 2008 als »Etappensieg des Havelbündnisses«, dass Bundesverkehrsminister Tiefensee in einer Pressemitteilung angekündigt habe, »die Spree umweltfreundlich und stadtverträglich modernisieren« zu wollen.[10] Doch auch die auflagenstarken Medien griffen die Ergebnisse des vom BUND in Auftrag gegebenen Gutachtens aus Hamburg auf: »Havel-Ausbau ist und bleibt Blödsinn«[11], schrieb die Bild-Zeitung.

Der Druck auf die Politik wurde mit starker medialer Präsenz noch weiter erhöht: Als die Brandenburger Landtagswahlen im September 2009 eine Koalition aus SPD und Linke hervorbrachten, forderten die Aktivisten die Abgeordneten der Linken umgehend auf, ihre Meinung aus Oppositionszeiten nun zur Grundlage des Regierungshandelns zu machen.[12]

Zeitweilig war die Ablehnung der Ausbaupläne so präsent, dass sich Holger Reischock, Autor der Berliner Zeitung, einer »Einheitsfront der Havelretter«[13] ausgesetzt sah. Gerade in der Lokalpolitik überboten sich manche Akteure geradezu mit Aktionen. So starteten die CDU-Bundestagsabgeordnete Katherina Reiche und die Potsdamer CDU im September 2008 eine »Bürgerumfrage zum Havelausbau«. Darin fragte Reiche lediglich nach Zustimmung oder Ablehnung, erbat eine Unterschrift und gab etwas Raum für Fragen und Anregungen. Die Ansprache ließ keinen Zweifel an der Sichtweise der Parlamentarierin: »Der Havelausbau in dem derzeit geplanten Ausmaß würde einen gravierenden Einschnitt in die einzigartige Kulturlandschaft der Stadt Potsdam bedeuten! Die Fundamente der historischen Stätten am Ufer der Havel, wie etwa die der Sacrower Heilandskirche, liefen Gefahr, durch den verstärkten Wellengang unwiederbringlich zerstört zu werden – Wir möchten gern Ihre Meinung zum Havelausbau wissen.«[14] Reiche grenzte die CDU

10 Landwehrkanal-Blog vom 1. April 2008, »Etappensieg des Havelbündnisses: 800 Bäume gerettet!«

11 Bild-Zeitung vom 30. September 2008, »Neue Studie beweist: Havel-Ausbau ist und bleibt Blödsinn«

12 Märkische Oderzeitung vom 29. November 2009, »Verbände hoffen auf Stopp des Havelausbaus«

13 Berliner Zeitung vom 2. November 2002, »Berlin Mitte«

14 Newsletter von MdB Katherina Reiche vom 4. September 2008, »Bürgerumfrage zum Havelausbau«, Download des Umfrageformulars

so nach ihrer Ansicht gegen die Potsdamer SPD ab, die im Landtag lediglich gegen den Ausbau »wetterte«[15].

Die Bedrohung der Kulturgüter hatten die Havelretter einige Monate vorher intensiv betont; neu waren die Argumente schon damals nicht mehr. Aber die Analysen der Kampagnenplaner hatten ergeben, dass sich mit dem Verweis auf die kulturgeschichtliche Bedeutung weitere Zielgruppen ansprechen ließen. Es sei dahingestellt, inwiefern sich die Frankfurter Allgemeine Sonntagszeitung von diesen Aktivitäten ermuntern ließ; zumindest berichtete sie im April 2008 über »den Ausbau von Spree und Havel zu einer gigantischen Wasserstraße, mit gravierenden Folgen für das Ökosystem einer Landschaft, die Fontane beschrieben, die Schinkel und Lenné mitgestaltet haben«[16]. In dem Text ging es auch um »den verschlafenen Schlosspark, in dem einst der Besitzer seinem König Friedrich Wilhelm II. zu spiritistischen Erfahrungen verhalf«.

Mit unüberhörbarer Ironie beschrieb der FAS-Beitrag: »Dass für den Ausbau der Bund zuständig sei, wird hier gern betont, trotzdem lässt der für ‚Infrastruktur und Raumordnung' zuständige Minister Reinhold Dellmann keinen Zweifel daran, dass ihm die Sache am Herzen liegt, und schwärmt von den Gütermassen, die durchs Land strömen, wenn der Kanal erst fertig sei.« Auch Bundeswirtschaftsminister Karl Theodor zu Guttenberg trat noch 2009 für die Ausbaggerung des Sacrow-Paretzer-Kanals ein.[17] Ansonsten hatte sich weitgehend die Erkenntnis durchgesetzt, dass Berlin eher zu einer Dienstleistungsmetropole werden würde denn zu einem bedeutenden Produktionsstandort. Die Binnenschifffahrt war schon zu dieser Zeit »eher rückläufig«[18].

Die Kampagne war erfolgreich: Die besonders umstrittenen Ausbaupläne für die Berliner Spree wurden bereits im April 2008 eingestellt. Das vom BUND angestrengte Verfahren vor dem Bundesverwaltungsgericht in Leipzig endete 2009 mit einem Vergleich. Die Ausbaggerung des Sacrow-Paretzer-Kanals wurde auf ein Minimum reduziert; der Teltowkanal wurde nicht ausgebaut. Im September 2009 sagte das Bundesverkehrsministerium dann zu, Havel und Spree nicht für den Begegnungsverkehr von Großschiffen und Schubverbänden auszubauen. Damit war das zentrale inhaltliche Ziel erreicht; die umweltschädlichsten Aspekte von VDE 17 waren vom Tisch.

Am 4. September 2010 lud der BUND sämtliche Mitstreiter und die Medienvertreter zu einer Dampferfahrt von der Glienicker Brücke nach Ketzin ein. Auf der »MS Bellevue«

15 Newsletter von MdB Katherina Reiche vom 4. September 2008, »Bürgerumfrage zum Havelausbau«, Beitrag »CDU startet Bürgerumfrage zum Havelausbau«

16 Frankfurter Allgemeine Sonntagszeitung vom 28. April 2008, »Ein 185-Meter-Schiffsverbund wird kommen«

17 die taz vom 24. September 2009, »Havelausbau schifft ab«

18 Berliner Zeitung vom 5. Juni 2009, »Stopp dem Havelausbau«

feierte der Verband über 18 Jahre nach Gründung des Havelbündnisses und zwei Jahre nach Start der Havelretter-Aktionen »diese Erfolge und den Abschluss der Kampagne«.[19]

5. Eine Einordnung

Im September 2012 zeichnete die Stiftung Naturschutz Berlin das 30 Organisationen umfassende Havelbündnis mit dem Berliner Naturschutzpreis 2012 aus.[20] Die Stiftung würdigte damit den konsequenten inhaltlichen und öffentlichkeitswirksamen Kampf gegen die zerstörerische Ausbaggerung. Immer wieder in den fast 20 Jahren hatten die Aktiven kleine und große Erfolge gefeiert: »›Ohne den massiven Widerstand hätten wir unsere ursprünglichen Ausbaupläne wahrscheinlich durchgezogen‹, räumte Hans-Jürgen Heymann, Leiter des Wasserstraßen-Neubauamtes Berlin, [...] ein.«[21]

Damit stellt sich die Frage, wie die Arbeit des Havelbündnisses und die finale Kampagne so erfolgreich sein konnten. Sicher war eine ganze Reihe von Faktoren bestimmend: Erstens war die grundsätzliche Ablehnung der überdimensionierten Ausbaggerungspläne immer eine klar verständliche, eine für Medien und Rezipienten eindeutige Botschaft.[22]

Zweitens war die inhaltliche Arbeit erheblich differenzierter; sinnvolle Renovierungen und behutsame Ausbauten trugen die Umweltschützer mit und konnten daher nicht als Totalverweigerer in eine Klischee-Ecke gestellt werden. Zugleich bauten die Aktiven in diesen Gesprächen ihre inhaltlichen Kenntnisse und ihre Kontakte stetig aus. So waren die Treiber der Kampagne stets optimal informiert, was schnelle Reaktionen möglich machte, wann immer diese erforderlich waren. Zudem verfügten sie in Gesprächen selbst mit Vertretern der umsetzenden Behörden regelmäßig über einen Informationsvorsprung, was dort das Gefühl hinterließ, sich gegenüber den Verbänden besser nicht zu selbstsicher zu gerieren.

Die Einschätzung von Bergmann zu Protest und Partizipation trifft auf die Havelkampagne nicht zu: »Protest [...] ist oft spontan, er ist ungeregelt, nicht an feste Verfahren gebunden und er kommt ohne Geschäftsordnung aus. Während er sich gegen diffuse Missstände richten kann, ohne eine konkrete Lösung zu deren Abhilfe parat zu haben, setzt sich parlamentarisches Handeln hingegen meist mit detaillierten Sachverhalten

---

19 BUND, Landesverband Berlin, Pressemitteilung vom 2. September 2010, »Aktionsbündnis gegen Havelausbau feiert Abschluss der erfolgreichen Havelkampagne«

20 Stiftung Naturschutz Berlin, Pressemitteilung vom 21. September 2012, »Berliner Naturschutzpreis für Havelretter«. Siehe auch: Grüne Liga Berlin, Pressemitteilung vom 28. September 2012, »Die GRÜNE LIGA Berlin gratuliert dem Havelbündnis«

21 Potsdamer Neueste Nachrichten vom 2. April 2004, »Weniger Eingriffe beim Havelausbau – Umdenken nach Protest und reduzierten Prognosen«

22 »Eindeutigkeit« ist einer der sogenannten Nachrichtenfaktoren, also der Aspekte, die zu einer besonders starken Medienwahrnehmung führen. Vgl. Galtung/Ruge 1965, S 87. Eindeutigkeit setzt eine klare, bewusst formulierte Grundbotschaft voraus, vgl. Arns 2012: 56

auseinander.«[23] Viele der Aktiven kannten sich in enormer Detailtiefe aus und legten regelmäßig konkrete Vorschläge vor. Das war für die finale Kampagne bedeutsam, denn Bürgerinitiativen und sonstige Aktive im Kampf gegen den Ausbau wussten von Beginn an, dass sie beim BUND bestmöglich informiert wurden. Das sicherte ihm neben der inhaltlichen Kompetenz auch eine Art unausgesprochener Führungsrolle in der Gegenwehr.

Drittens haben die Verantwortlichen parallel zur inhaltlichen Arbeit stets auch das politische, das mediale und das gesellschaftliche Umfeld beobachtet und genauestens analysiert. Thorsten Hofmann beschreibt in seinem Beitrag für dieses Buch, dass die Kommunikation für Großprojekte »die Analyse der medialen, politischen und gesellschaftlichen Situation vor Ort« erfordere. Was er empfiehlt, wurde im beschriebenen Fall nicht von den Verantwortlichen des Großprojekts geleistet, etwa vom Bundesverkehrsministerium oder der Wasserschifffahrtsdirektion Ost, sondern von den Gegnern. Als der Berliner Landesvorstand des BUND über die finale Kampagne zu entscheiden hatte, gehörte eine umfangreiche und sehr detaillierte Akteursanalyse zu den Vorlagen. Nur durch die präzise Beobachtung des politischen Umfelds war es beispielsweise möglich, Fronten aufzubrechen. So wurden gezielt Abgeordnete angesprochen, die ihren Wahlkreis an einem betroffenen Fluss hatten, deren Fraktionen aber bisher für den Ausbau waren. Dadurch erzeugten die Havelretter eine Art innerparteiliche Erosion.

Das Havelbündnis nahm sehr direkten Einfluss auf Politik und Verwaltung. Insofern galt nicht einmal ansatzweise, was Rucht – in anderem Kontext – über Protestbewegungen schreibt: »Erst über den Umweg öffentlicher Anteilnahme können die Protestierenden hoffen, auf das politische Entscheidungszentrum Druck auszuüben und ihre Sache voranzubringen. Demgegenüber spielen andere Formen der Einflussnahme (wie etwa Lobbying, Parteispenden, Bestechung, Mitarbeit in Beiräten und Erstellung von Fachgutachten) eine randständige oder gar keine Rolle.«[24] Vielmehr traf beim Havelbündnis und dem Flussbüro des BUND zu, was Take vor allem über transnational arbeitende NGOs mit Büros in unterschiedlichen Ländern sagt, die »sowohl Lobby- als auch Kampagnenarbeit betreiben«, um »auf sich aufmerksam zu machen, die Bevölkerung zu informieren, wissenschaftliche Expertise zu erwerben sowie politischen Verhandlungsprozessen auf nationaler und internationaler Ebene beizuwohnen«[25]. Zwar spielte die internationale Ebene beim Kampf um den Erhalt der Flusslandschaften nur eine untergeordnete Rolle, dafür kamen die lokale und regionale Ebene sowie die dauerhafte Einbindung der Medien hinzu.

Eine unübersehbare Stärke des Bündnisses war viertens die Vielzahl der beteiligten Insti-

23 Bergmann 2012, S. 18

24 Rucht 2012, S. 3. Das selbstverständliche und unkommentierte Nebeneinander von Bestechung und der Erstellung von Fachgutachten erscheint mir unangemessen

25 Take 2007, S. 199

tutionen; über 30 Organisationen agierten lokal und landesweit, lobbyierten auf sämtlichen Ebenen bis hin zur EU und waren eng miteinander verzahnt. Daraus resultierte auch, dass Entscheidungsträger meist nicht nur von einem Aktiven oder einem Verband angesprochen wurden, sondern von vielen. Da keineswegs nur klassische Umweltschutzorganisationen im Bündnis organisiert waren, wurde so der Eindruck einer von weiten Teilen der Bevölkerung getragenen Meinung gefördert. Jeder kennt das von sich selbst: Hört man dieselbe Sichtweise von unterschiedlichen Akteuren, so verstärkt sich die Wirkung.

Zudem wirkten auf diese Weise Haupt- und Ehrenamtler zusammen. Das ehrenamtliche Engagement wurde oftmals vom Hauptamt initiiert und unterstützt, allerdings war den Organisatoren klar, dass niemand überfordert werden darf. Deshalb gab es nur hin und wieder, dann auch mal über lange Phasen gar keine Vorschläge, wann wer aktiv werden könnte. Wichtig war es, eine Balance zwischen notwendigen Pausen und der mit ihnen einhergehenden Gefahr des Einschlafens zu finden.

Auch wenn der BUND Berlin insbesondere in der finalen Kampagne eine faktische Vorreiterrolle innehatte, gab es keine formale Leitung und keine Anweisungen. Insofern traf zu, was Roth über neue Protestnetzwerke schreibt: Im Havelbündnis gab es »fluide, netzwerkartige Kooperationsformen statt bürokratischer Großorganisationen, die Betonung thematischer und ideologischer Vielfalt statt Vereinheitlichung, eher ›führerlose‹ Strukturen statt Fixierung auf prominente Spitzen, eine breite Palette von zivilen, kreativen Mobilisierungs- und Aktionsformen statt einer Kultur von Militanz und Entschlossenheit beziehungsweise disziplinierter Massenaufmärsche, umfassende innere Demokratie und Mitgestaltung statt Unterordnung und Disziplin«[26].

Fünfter Erfolgsfaktor waren die gänzlich unterschiedlichen Elemente der Kampagne, mit denen die Zielgruppen in vielfältiger Weise angesprochen wurden und die alle ineinander griffen. Der Politik, den Medien und den Menschen in den betroffenen Regionen zeigte sich damit unübersehbar ein großes Ganzes. So wurde die Klage vor dem Bundesverwaltungsgericht unmittelbar zur öffentlichen und medialen Skandalisierung genutzt; die öffentliche Aufmerksamkeit wiederum konnten die Initiatoren nutzen, Geld zu sammeln, um Teile der Prozesskosten zu refinanzieren. Zu den motivierenden Elementen gehörten auch griffige Sprachregelungen. So etwas wie »Das Wasser- und Schifffahrtsamt kennt sich nicht mal mit zentralen EU-Bestimmungen aus« half vielen, die sich nicht in die Tiefen der Wasserrahmenrichtlinie einarbeiten, aber dennoch begründen wollten, warum sie da mitmachen.

6. Ausblick

Was lässt sich aus dem Erfolg des Havelbündnisses und der vom BUND initiierten Abschlusskampagne lernen?

26 Roth 2012, S. 38

Die Antwort hängt zunächst einmal davon ab, wer diesen Text gerade liest. Denn verständlicherweise profitieren NGOs in anderer Weise als Unternehmen oder Verwaltungen, die gerade große Bauvorhaben planen.

Wer sich erfolgreich gegen Großvorhaben oder unsinnige Details zur Wehr setzen möchte, braucht inhaltliche Fachkenntnis und einen langen Atem. Das gilt zumindest dann, wenn der Protest eine höhere Legitimation als das Projekt haben soll, gegen das er angemeldet wird.[27] Selbstverständlich werden die Möglichkeiten und Strategien von NGOs »in nicht unerheblichem Maße durch die ihnen zur Verfügung stehenden Ressourcen bestimmt«[28]; das setzt aber nicht zwingend eine prall gefüllte Kampagnenkasse voraus. Schließlich können NGOs fehlendes Startkapital zumindest in Teilen durch ehrenamtliches Engagement und durch Vernetzung wettmachen.

Zeitlich befristete Bündnisse bieten zudem den Vorteil, dass die Beteiligten ihr Wissen austauschen und vertiefen können, dass sie unterschiedliche Bevölkerungsgruppen ansprechen und die Bandbreite der eingesetzten Instrumente vergrößern können. Die einstige Unterteilung in Gruppierungen, die eher auf quantitative Mobilisierung setzen, also meist kurzzeitige Massenproteste[29], und »andere Protestgruppen«, denen qualitative Mobilisierung gelingt, bei der das »intensive, riskante und/oder opferbereite Engagement im Vordergrund«[30] steht, wird so überwunden. Das haben die Havelretter bewiesen.

Moderne Kampagnen brauchen daher zweierlei: Experten und Manager. Gerade Netzwerke, die das verfügbare Expertenwissen erhöhen, machen Manager umso notwendiger. Allerdings müssen sich die Organisatoren darüber im Klaren sein, dass es sich um Manager ohne jede Weisungskompetenz handelt. Schlimmer noch: Übernimmt ein Mitarbeiter eines Vereins die Koordinierungsrolle für Mitgliederengagement, dann steuert er seine Arbeitgeber. Doch ob Mitglied oder nicht, bei ehrenamtlich Aktiven hilft ohnehin nur gutes Zureden, hilft überzeugendes Werben für die gute Sache und die Notwendigkeit, genau jetzt diese oder jene Aufgabe zu übernehmen. Auf dieser Basis muss es der Manager schaffen, das Engagement zu steuern, um zeitlich und räumlich abgestimmt schlagkräftig zu arbeiten.

Das ist eine besondere Herausforderung, die in einem Unternehmen nicht ansatzweise so hart wäre. Selbst in einer Behörde wäre das einfacher, da es Weisungsbefugnisse und klare Hierarchien gibt. Manager einer in großen Teilen von ehrenamtlich Aktiven unterschiedlicher Organisationen getragenen Kampagne zu sein – das bedingt die Bereitschaft zu einem kom-

27 Der offenbar unvermeidlich zu jedem Text über Bürgerproteste gehörende Kampf gegen einen Bahnhof in Baden-Württemberg ist daher aus meiner Sicht kein gutes Beispiel; das Demokratieverständnis einiger Protagonisten scheint mir mindestens so zweifelhaft wie das der kritisierten Planer gewesen zu sein.

28 Take 2007, S. 197

29 Rucht spricht von »Power in Numbers«; Rucht 2012, S. 4

30 Rucht 2012, S. 4

munikativen Einsatz, den sich Wirtschaftsmanager in ihren schlimmsten Albträumen nicht vorstellen können. Und weiter gilt, was schon immer galt: NGOs müssen professionelle Medienarbeit betreiben, wenn sie ihre Anliegen erfolgreich durchsetzen wollen.[31]

Dass die Anforderungen der Medien immer stärkeren Einfluss auf Entscheidungsprozesse hätten, betrachtet Rita Süßmuth mit Sorge. Sie befürchtet, dass dadurch »Schnelligkeit gegenüber der Gründlichkeit« an Bedeutung gewinne.[32] Was sie nicht erwähnt: Genau das war ein zentraler Fehler der Verkehrsprojekte Deutsche Einheit und des Verkehrswegeplanungsbeschleunigungsgesetzes. Süßmuth war zu dieser Zeit Bundestagspräsidentin; ihre Partei führte die damalige Koalition. Das von dieser Koalition beschlossene Gesetz diente dazu, infrastrukturelle Großvorhaben im sprichwörtlichen Schweinsgalopp durchzupeitschen. Weil die Gründlichkeit des Projekts 17 darunter erheblich gelitten hatte, scheiterte es letztlich. Auch das belegt der Erfolg der Havelretter.

Was also können diejenigen lernen, die Großprojekte planen? Vielleicht ein ganz klein wenig Demut. Sie könnten zumindest in Betracht ziehen, dass der eigene Plan rein theoretisch noch verbessert werden könnte – und dass es irgendwo im Land Menschen gibt, die dazu beitragen können. »Sachverstand ist bei vielen Bürgerinnen und Bürgern in Hülle und Fülle vorhanden«, schreibt Peter Ramsauer in diesem Buch und fordert in dankenswerter Deutlichkeit: »Wir sollten ihn nutzen. Ein Mehr an Bürgerbeteiligung kann so zu einem zusätzlichen Instrument an Qualitätssicherung werden.« Er steht damit in deutlichem Widerspruch zu FDP-Generalsekretär Patrick Döring, der nach eigenem Bekunden hofft, dass sich die »Tyrannei der Massen« nicht durchsetzen möge. Christian Scherg greift das in diesem Buch auf.

Demokratien werden sich weiter »zu Bewegungsgesellschaften«[33] wandeln, das spricht sich mittlerweile herum. Doch für viele scheint das noch immer zu heißen, dass etwaige Proteste lauter und lästiger geworden sind, dass man es also irgendwie durch frühzeitige Information schaffen muss, diese zu verhindern. Sprich: Weiterwurschteln wie bisher, aber haarscharf früher drüber reden.

Die Geschichte von VDE 17 und den Havelrettern lehrt etwas anderes: Wer auch immer eine Straße, einen großen Neu- oder Umbau, ein Was-auch-immer plant, der muss begreifen, dass damit viele, viele Aspekte verbunden sind. Neben dem eigentlichen Zweck kann stets auch der Einfluss auf Boden-, Luft- oder Wasserqualität erörtert werden, die Veränderung bisheriger Verkehrsströme, die Optik oder Einflüsse auf die Sozialstruktur eines Gemeinwesens. Neben dem erhofften Nutzen gibt es immer auch Folgen, die für Menschen zumindest negativ sein können. Die Folgenabschätzung ist komplexer als sich das mancher

31 Die gerade unter Natur- und Umweltschützern weitverbreitete Überzeugung, man sei doch auf der richtigen Seite und werde in der Berichterstattung automatisch berücksichtigt, ist und bleibt naiv.

32 Süßmuth 2011, S. 4

33 Hutter; Teune 2012, S. 9

vorstellt, erhofft oder einfach nur behauptet. Diese Komplexität fliegt einem dann um die Ohren, wenn die Gegner diese besser im Griff haben und mit ihr umgehen können.

Wer postuliert, Protest habe immer nur etwas mit Angst vor Veränderung zu tun, verkennt dabei, dass die geplante Neuerung schlichtweg schlecht geplant sein kann. Viel zu oft haben umgesetzte Großvorhaben der Vergangenheit gezeigt, dass es nicht um die gesamtgesellschaftlich bestmögliche Lösung ging, sondern um irgendeine, die nicht viel kostete: wenn möglich nicht so viel Geld, vor allem nicht so viel Denkleistung.

Wer Neues plant, tut gut daran, nicht selbstverständlich davon auszugehen, dass der Plan zwar erstens super ist, ach was, geradezu genial, dass es aber zweitens neue Erfordernisse an die Kommunikation gibt, weil ein paar Störenfriede an Einfluss gewonnen haben. Wer mit dieser Grundsatzarroganz an kommende Vorhaben geht, wird böse auf die Nase fallen. Und das – mit Verlaub – zu Recht.

Es geht um Partizipation, nicht um bloße Information. Manche Forderung an die Politik greift daher zu kurz: »Von ausschlaggebender Bedeutung ist die Beteiligung durch intensive, bürgeraktivierende Kommunikation. Professionalisiertes Spezialwissen bedarf der Übersetzung und verständlichen Vermittlung. Aber gerade an dieser Kommunikation fehlt es. Sie ist anspruchsvoll, aber unverzichtbar [...].«[34] Auch das suggeriert, das Spezialwissen sei stets aufseiten der Politik vorhanden und müsse der latent kenntnislosen Bevölkerung in harter Arbeit vermittelt werden. Noch einmal: Im Streit um die Ausbaggerung der Havel war das Gegenteil der Fall.

Deswegen ist es so richtig, dass Rainer Knauber in diesem Buch für frühzeitige Mediation wirbt. Diese könne positiv wirken, »indem Konflikte institutionell ausgetragen werden, ein höheres Maß an Ergebnisoffenheit möglich ist und Großprojekte früher breiter gesellschaftlich diskutiert werden können – und nicht erst dann, wenn sich zwei unversöhnliche Parteien am Bauzaun gegenüberstehen.« Erst die Offenheit des Ergebnisses macht Kommunikation zu Partizipation.

Die Havelretter haben bewiesen, dass sie einem missglückten Plan konstruktive Alternativen gegenüberstellen und diese zu großen Teilen durchsetzen konnten. Planer können das durchaus positiv sehen und nutzen: Neben Wissen als eine der wichtigsten Ressourcen von NGOs »[...] bildet die Akkumulation und Einbringung der Betroffenenperspektive in politische Prozesse eine Ressource, die, wenn sie glaubhaft in Anspruch genommen werden kann«, besonders bedeutsam ist.[35] Partizipation heißt »Teilhabe«, nicht »Recht auf einen Informationsabend in der örtlichen Turnhalle«.

34 Süßmuth 2011, S. 3. Vgl. Alemann; Klewes; Rauh 2011: 32: »Genau hier regt sich das schlechte Gewissen der Parlamentarier. Kaum jeder Fünfte meint nämlich, in Sachen Bürgerinformation werde genug getan.«

35 Take 2007, S. 198, Fn. 2.

Schlusswort

4. Mehr Gemeinsinn wagen – Das demokratische Betriebssystem braucht mehr Partizipation, mehr Gemeinsinn und eine mutigere Politik

Rainer Knauber, Vattenfall Europe AG

Die seit Stuttgart 21 verstärkt und systematischer geführte Debatte über Partizipation in Deutschland will eine Antwort geben auf die Notwendigkeit, neue Wege zum Konsens für Fortschritt in Europas höchstentwickeltem Industrieland zu geben. Dafür ist es auch höchste Zeit. Wer bei Google die Worte »Bürgerinitiative gegen« eingibt, erhält einen Mausklick später mehr als eine halbe Million Möglichkeiten, in Deutschland gegen etwas zu sein. Der Katalog ist bunt: Man kann wahlweise gegen Flughäfen, LKW-Verkehr, Windkraft, Stromleitungen, Islamisierung, Gasbohrungen, ja sogar gegen Tierversuche in Wohngebieten protestieren.

Das schnell gefundene flotte Etikett »Wutbürger« benennt etwas, das schon seit Jahren von einer gesellschaftlichen Unterströmung fast zum Mainstream geworden ist. »Nein« ist oft der erste Reflex von Betroffenen, wenn sich etwas ändern soll. Es ist ein seltsamer Kontrast: Einerseits will die Gesellschaft am liebsten ab übermorgen eine Vollversorgung mit erneuerbaren Energien, andererseits sprießen überall, wo zu genau diesem Zweck Windräder oder Stromleitungen gebaut werden sollen, Protestgruppen und Bürgerinitiativen wie die Pilze aus dem Boden. Dies betrifft nicht nur den Energiebereich, sondern gilt für jede denkbare Infrastruktur. Man hat bisweilen den Eindruck, wir leben in einem hoch entwickelten Industrieland, das eigentlich gar kein solches mehr sein will.

Die Planer und Investoren von Großprojekten verzweifeln, die Politik geht meist sehr schnell in Deckung und viele Projekte bleiben auf der Strecke oder werden anderswo umgesetzt. Gesellschaftlicher Klimawandel: Koalitionsvereinbarungen, in denen einstmals prestigeträchtige Großvorhaben eine zentrale Rolle spielten, beginnen heute nicht selten mit einem Katalog an Projekten, von denen man sich – ganz im Trend der Zeit – demonstrativ verabschiedet. Einen Ausdruck findet die Forderung nach mehr direktdemokratischen Elementen auch in der Zahl der Volksbegehren: Gab es zwischen 1980 und 1989 noch ganze zwölf Volksbegehren in (West-)Deutschland, hat sich deren Zahl in den Jahren von 2000 bis 2010 mit 129 mehr als verzehnfacht.

Neue Rollenbilder sind gefragt

Auf die Frage, wie unser Gemeinwesen sich ändern muss, wenn es entwicklungsfähig bleiben will, werden nun Antworten gesucht, und diese Publikation zeigt etliche Ansätze und Beispiele auf.

Die heutige Partizipationsdebatte will – wohlverstanden – neue und verbesserte Verfahren in unserem demokratischen Betriebssystem installieren, die mehr, schneller und nachhaltiger zu Konsens führen. Die mögliche Schattenseite: Weniger wohlverstanden könnten neue und zusätzliche partizipative Verfahren ebenso als zusätzliche Instrumente im Werkzeugkasten der Neinsager wirksam werden. Für den Diskurs und das Design dieser Instrumente wird also wichtig sein, ob die Akteure bereit sind, für mehr Partizipation auch die lieb gewordenen Schützengräben zu verlassen. Diesen Knackpunkt benennt ein aktuelles SPD-Papier zur Partizipation sehr genau: »Um wirklich mehr Demokratie einzufordern, müssen die Beteiligten neue Rollenbilder annehmen«, denn es gehe darum, Bürgerbeteiligung nicht als Blockadeinstrument, sondern als Gestaltungschance zu nutzen. Dies setzt freilich bei allen Mitspielern die Bereitschaft zum konstruktiven Konflikt und zum Kompromiss voraus.

Eine Göttinger Studie zur Analyse im Vorfeld des Stuttgart-21-Referendums gibt in diesem Kontext Anlass zur Besorgnis. Die überwiegende Mehrheit der Projektgegner ist demnach für Volksabstimmungen, glaubt aber zu 80 Prozent nicht, dass damit der Streit in Stuttgart zufriedenstellend gelöst werden kann. Und: Nur 28 Prozent wollten das plebiszitäre Votum in jedem Falle anerkennen. Und immerhin 15 Prozent betrachteten Sachbeschädigung als geeignetes Mittel in der Auseinandersetzung um das Bahnhofsprojekt. Neue Rollenbilder und gelebte Demokratie müssen anders aussehen.

Die Demokratiedebatte ist so alt wie die Demokratie selbst. In jüngerer Zeit wird oft und gern Willy Brandt zitiert. Erleben wir heute die logische Folge des Anspruchs »mehr Demokratie wagen«, wie Willy Brandt in seiner visionären Regierungserklärung von 1969 forderte? Die Forderung, dass »jeder Bürger die Möglichkeit erhält, an der Reform von Staat und Gesellschaft mitzuwirken« wurde damals zum Regierungsprogramm erhoben.

Heute, gut vierzig Jahre danach, findet sich zu jedem Thema immer auch eine Gegenöffentlichkeit oder gar eine »Dagegen-Öffentlichkeit«. Auch zum Windpark, zur Solarfabrik oder zu anderen Umweltprojekten.

War es das, was sich Willy Brandt an der Schwelle der modernisierungsstarken 70er-Jahre für unsere Zukunft vorgestellt hat? Oder haben sich irgendwann auf dem jahrzehntelangen Marsch durch Institutionen, Wertvorstellungen und Ideen ein verrutschtes Verständnis von Partizipation, zu komplizierte Bürokratie und ein immer konturloseres Selbstverständnis der Rolle der Politik in die seither geschaffenen Instrumente und Mechaniken von Genehmigungsrecht und Bürgerbeteiligung eingeschlichen, die heute wiederum Korrekturen erfordern? In der gleichen Regierungserklärung hieß es übrigens auch: »Wir wollen eine Gesellschaft, die mehr Freiheit bietet und mehr Mitverantwortung fordert« Es wird also auch künftig darum gehen, Partizipation als Einladung zur Mitgestaltung zu formulieren und sie auch so zu leben. Dann wäre mehr Demokratie gewagt und auch gewonnen. Auch dazu noch mal Brandt und einmal ganz anders: »Demokratie darf nicht so weit gehen, dass in der Familie abgestimmt wird, wer der Vater ist.«

Partizipation: öfter, früher, konstruktiver

Und doch: an mehr und anderer Partizipation wird kein Weg vorbeiführen, wenn man Entwicklungs- und Bewegungsfähigkeit zurückgewinnen will. Dies wird nur über veränderte formelle und intelligente informelle Verfahren möglich sein. Generell wird in diesem Kontext immer wieder Komplexität und Dauer von Planfeststellungs-, Raumordnungs- und Genehmigungsverfahren thematisiert. Diese Verfahren dauern insbesondere bei Großprojekten oft viele Jahre und unter Betrachtung aller erforderlichen zusätzlichen Genehmigungsprozesse und bei Ausschöpfung aller Rechtswege manchmal Jahrzehnte. Es wäre im Sinne der Vorhabenträger, aber auch im Sinne einer gelungenen Partizipation sinnvoll, diese Verfahrensdauern und Rechtswege deutlich zu straffen. Die Folge wäre eine schnellere Ergebnisfindung und höhere Rechtssicherheit. Nicht zu Unrecht monierten beispielsweise im S21-Konflikt Projektgegner, dass sie zum Zeitpunkt der eigentlichen Planung des Projektes noch im Kindesalter waren und ihre Auffassung damals nicht einbringen konnten. Neben Änderungen bestehender Mechanismen kann auch frühzeitige Mediation einen Beitrag zur Problemlösung darstellen, indem Konflikte institutionell ausgetragen werden, ein höheres Maß an Ergebnisoffenheit möglich ist und Großprojekte frühzeitig breiter gesellschaftlich diskutiert werden können – und nicht erst dann, wenn sich zwei unversöhnliche Parteien am Bauzaun gegenüberstehen. Zwar werden kluge öffentliche und private Investoren solche frühzeitigen Mediationsprozesse in Zukunft sicherlich häufiger anwenden, dennoch muss darüber nachgedacht werden, solchen bislang völlig freiwilligen Verfahren eine stärkere rechtliche Grundlage zu geben.

Partizipation für alle

Wichtig erscheint mir allerdings, dass mehr Partizipation nicht ein Rundum-Sorglos-Paket sein kann und wird, an dem unsere Demokratie über Nacht genesen und neue Konsense wie die Pfifferlinge aus dem Boden sprießen. Bei sinkender Wahlbeteiligung muss auch die Frage gestellt werden, ob durch zusätzliche Partizipation nicht der Meinung bestimmter Bevölkerungsgruppen, nämlich Teilen der höher gebildeten, besser verdienenden, besser informierten, immer mehr Raum und Entfaltungsspielräume eingeräumt werden. Die Frage also, wie man künftig eine stärkere Partizipationsmechanik nicht zur Nebenregierung privilegierter Eliten, sondern zu einem effektiven Mitbestimmungsinstrument für möglichst die gesamte Bevölkerung machen will, scheint noch nicht ganz beantwortet zu sein. So spricht beispielsweise Prof. Dr. Wolfgang Merkel vom Wissenschaftszentrum Berlin in seinen beachteten Thesen zum Thema sogar davon, dass direktdemokratische Elemente schlimmstenfalls sogar dazu beitragen, dass Eliten ihre Interessenrepräsentation immer weiter ausdehnen können, zulasten der Allgemeinheit und der unteren Schichten. Auch wenn man diese These nicht teilt, so muss dennoch ernsthaft diskutiert werden, wie auch die repräsentative Demokratie tatsächlich wieder im Sinne der gesamten Bevölkerung repräsentativer werden kann und wie auch zum Beispiel Parteien als klassische Akteure in der Organisation demokratischer Willensbildung gestärkt werden können und müssen.

Politiker sind keine Zuschauer

Daran führt letztlich kein Weg vorbei, denn Demokratie als eine Kette von hochkontroversen, medial getriebenen Einzelentscheidungen per Referendum wird nicht funktionieren. Das Gemeinwohl lässt sich nicht durch einen Fight Club der Partikularinteressen erreichen. Hier ist die Politik als aktiver Moderator und Richtungsgeber in der Pflicht. Aufgabe des Staates und der Politik ist nämlich, Interessenausgleich innerhalb der Gesellschaft herzustellen, die Notwendigkeit eines neuen Flughafens, eines neuen Kraftwerks oder einer Stromleitung gegen bestehende Bedenken abzuwägen – und dann zu entscheiden. Die Politik hat sich aber bedauerlicherweise mehr und mehr zum Zuschauer gemacht. Dabei kann diese aktive Rolle des gesellschaftlichen Interessenausgleichs letztlich nur durch die Politik wahrgenommen werden.

Die repräsentative Demokratie wird nicht dadurch besser, dass ihre gewählten Vertreter die demokratische Willensbildung an Ethikräte, Umweltorganisationen, hoch bezahlte Gutachter, runde Tische oder das Bundesverfassungsgericht delegieren. Mandatsträger sollten den Mut haben, ihr Mandat wahrzunehmen, sonst tun es andere. Die Frankfurter Allgemeine Sonntagszeitung (FAS) titelte im Juni 2011 folgerichtig: »Wo wohnt die Demokratie? Über das Budget entscheidet die EU, über Bauprojekte der Volkswillen, über Energie eine Kommission«. Verweigert sich die Politik ihrer Verantwortung, wird der Wutbürger zum Machtbürger.

Partizipation kann demnach nur ein Baustein der Debatte sein, die breiter geführt werden muss und an deren Ende neben einer optimierten Partizipation für möglichst viele Teilnehmer, einer stärkeren Gemeinwohlorientierung auch eine Stärkung der repräsentativen Demokratie stehen sollte. Insofern steht uns an dieser Stelle eine interessante Debatte bevor, aus deren Ergebnissen sich – so ist zu hoffen – nicht nur einzelne neue Instrumente entwickeln werden. Auch eine erwachsenere, unaufgeregtere und pragmatischere politische Kultur in Deutschland hätte den Einsatz aller verdient.

ANHANG

Glossar

Anhörungsverfahren
Im Anhörungsverfahren wird der Bebauungsplan für ein Bauprojekt für einen Monat zur Einsicht ausgelegt, um von dem Bauvorhaben Betroffenen die Möglichkeit zu geben, Einwendungen geltend zu machen.
(Text Leinemann)

Bebauungsplan
Plan für die Umsetzung eines Bauvorhabens, bei dem alle relevanten Anforderungen zu berücksichtigen und gegeneinander abzuwägen sind, wie gesunde Wohn- und Arbeitsverhältnisse, die Sicherheit sowie die sozialen und kulturellen Bedürfnisse der Bevölkerung, die Belange des Denkmal- und Umweltschutzes und die der Wirtschaft.
(Text Leinemann)

Blackout
Als Blackout bezeichnet man den plötzlichen Stromausfall großer Stromnetze. Besonders populär wurde der Begriff mit dem großen Stromausfall 2003 in den USA und dem Stromausfall in Europa im November 2006.
(Wikipedia)

Boulevardisierung
Selektion medialer Themen hinsichtlich ihres Unterhaltungswertes. In der Aufbereitung der Inhalte dominiert der Unterhaltungs- den Informationsaspekt.
(Bonfadelli, Heinz/Jarren, Ottfried/Siegert, Gabriele, 2005: Einführung in die Publizistikwissenschaft, S. 483)

Bürgerbegehren
Schriftlicher Antrag auf die Entscheidung über eine Angelegenheit der Gemeinde, der von einer bestimmten Anzahl von Bürgern unterzeichnet werden muss.
(Text Leinemann)

Bürgerentscheid
Abstimmung der Bürger über ein bestimmtes Vorhaben, über das nur mit Ja oder Nein abgestimmt werden kann. Dabei kommt es auf die Mehrheit der gültigen Stimmen an, wobei ein Mindestquorum erreicht werden muss. Der Bürgerentscheid hat die Wirkung eines Ratsbeschlusses und kann vor Ablauf von zwei Jahren auf Initiative des Rates nur durch einen neuen Bürgerentscheid abgeändert werden.
(Text Leinemann)

Bürgerforum
Onlineplattform zur Erarbeitung von Vorschlägen, Bürgerdiskussion in Form von Workshops Unterstützung durch Externe/Verwaltung, mit dem Ziel, die erarbeiteten Inhalte an politische Entscheidungsträger weiterzugeben.
(Text Sinemus)

Daseinsvorsorge
Versorgung der Bevölkerung mit wirtschaftlichen, kulturellen und sozialen Infrastrukturleistungen.
(Holoubek, Segalla, 2000. Daseinsvorsorge in Österreich. S. 200.)

Desertec
Projekt zur Erzeugung von Ökostrom in Wüsten durch Sonnenwärmekraftwerke, Windkraftanlagen oder Photovoltaik und zur Übertragung zu weiter entfernten Verbrauchszentren.
(Wikipedia)

Entdemokratisierung
Prozess, der von einer Unterwanderung demokratischer Strukturen gekennzeichnet ist, z. B. in Form von informellen Verhandlungsprozessen. Gründe für Entdemokratisierung werden u. a. in den Folgen von Globalisierung und Marktorientierung politischer Akteure gesehen.
(Altmann/Moltmann/Schoch, 2004. Die Entgrenzung der Politik: Internationale Beziehungen und Friedensforschung, S. 156 f.)

Fehmarnbeltquerung
Europäisches Verkehrsprojekt: Bau einer 19 Kilometer langen Querung des Fehmarnbelts zwischen Dänemark und Deutschland. Es sieht eine Querung und einen Ausbau der Schienen- und Straßenhinterlandanbindungen in Deutschland und Dänemark vor.
(Wikipedia)

Flashmob
Ein scheinbar spontaner Menschenauflauf, zu dem im Vorfeld via Twitter, Facebook usw. aufgerufen wurde. Besonderes Merkmal ist, dass zu einem verabredeten Zeitpunkt alle dasselbe tun.
(Schindler, Masie-Christine/ Liller, Tapio, 2011: PR im Social Web. Das Handbuch für Profis, S. 346)
(Wikipedia)

Fukushima
Im japanischen Fukushima ereignete sich am 11. März 2011 eine Reihe von Störfällen im Kernkraftwerk Daiichi. Die Unfallserie begann mit dem Tohuku-Erdbeben und einem daraus resultierenden Tsunami, welcher vier von sechs Reaktorblöcken traf und stark beschädigte. In Block 1 bis 3 kam es zu Kernschmelzen. Ungefähr 100.000 bis 150.000 Einwohner mussten das Gebiet vorübergehend oder dauerhaft verlassen.
(Wikipedia)

Gentechnologie
Gentechnologie ist ein Teilgebiet der Biotechnologie und definiert die Anwendung biologischer, chemischer und physikalischer Methoden zur Analyse und Isolierung von Erbmaterial (DNA) bzw. zu dessen Veränderung sowie zur Neukombination des Erbgutes.
(Ministerium für Klimaschutz, Umwelt, Landwirtschaft, Natur- und Verbraucherschutz des Landes Nordrhein-Westfalen, Bio- und Gentechnologie, http://www.umwelt.nrw.de/umwelt/bio_gentechnik/index.php (abgerufen am 06.08.2012))

German Angst
Besonders im internationalen Raum geprägter Begriff, der die angeblich typisch deutschen Eigenschaften wie Zögerlichkeit oder Pessimismus beschreiben soll.
(Wikipedia)

Globalisierung
Seit Mitte der 1990er-Jahre verwendeter Begriff, mit dem die zunehmende weltweite Verflechtung der Ökonomien, insbesondere der Finanzmärkte, charakterisiert wird. Der Begriff hat mittlerweile eine breite Verwendungspraxis gefunden: Jegliche Modernisierungsprozesse in den Bereichen Kommunikation, Produktion, Transport, aber auch Problemfelder wie internationale Sicherheit und organisierte Kriminalität werden unter Globalisierung bzw. als Globalisierungseffekte verstanden.
(Nohlen/Schultze, 2005: Lexikon der Politikwissenschaft, S. 317)

Google-Streetview
Zusatzdienst zum Google Kartendienst Google Maps und dem Geoprogramm Google Earth. Es werden Ansichten in 360-Grad-Panoramabildern aus der Straßenperspektive dargestellt. Der Dienst sorgte insbesondere aufgrund von Datenschutzbedenken für Schlagzeilen.
(Wikipedia)

Hirnstamm
In Anatomie und Neuropathologie Bezeichnung für das verlängerte Mark, Brücke, Mittelhirn. Im klinischen Sprachgebrauch wird häufig auch das Zwischenhirn (Thalamus, Hypothalamus) dazugezählt.
Stephan Zschocke, Hans-Christian Hansen (2012): Klinische Elektroenzephalographie. Heidelberg. S. 282

Infotainment
Verbindung der Begriffe »Information« und »Entertainment« (Unterhaltung). Die publizistische Medienkritik beschreibt damit Mitte der 1980er-Jahre in den USA die Veränderungen der Informations- und Politikvermittlung im Fernsehen.
(Roesler, Alexander/Stiegler, Bernd, 2005: Grundbegriffe der Medientheorie, S. 106)

Konsensuskonferenz
Auch Expertenanhörung, Expertenfeedback, Abschlussbericht. Bereitstellung von Fachinformationen für Laien.
(Text Sinemus)

Kraft-Wärme-Kopplung
Gleichzeitige Umwandlung eingesetzter Energie in elektrische Energie und Wärme mittels einer Stromerzeugungsanlage.
(Koenig, Christian/Kühling, Jürgen/Rasbach, Winfried, 2006: Energierecht, S. 218)

Legitimität
Von lat. legitimitas = Rechtmäßigkeit. Schlüsselbegriff der Politik und Politikwissenschaft, der den Legitimitätsanspruch einer politischen oder gesellschaftlichen Ordnung bzw. den Legitimitätsglauben der Herrschaftsunterworfenen beschreibt.
(Nohlen/Schultze, 2005: Lexikon der Politikwissenschaft, S. 511)

Limbisches System
Ringförmig angeordnete, phylogenetisch älter angeordnete Hirnanteile, die untereinander wichtige funktionelle Schaltkreise bilden und u. a. wesentlich zur Steuerung von Gedächtnis und Emotionen sowie zur Affektgestaltung beitragen.
(Jennifer Linn, Martin Wiesmann, Hartmut Brückmann, 2011: Atlas Klinische Neuroradiologie des Gehirns, Heidelberg. S. 22.

Mediation
Schlichtungsverfahren *(engl. für Vermittlung), Fachterminus für Formen des friedlichen Konfliktmanagements, bei denen eine dritte Partei einen Konflikt beizulegen versucht.*
(Nohlen/Schultze, 2005: Lexikon der Politikwissenschaft, S. 549)

Mobilisierung, kognitive
Vorgänge (Sozialwissenschaften) der erwünschten oder gelenkten Veränderung, des Wandels und der Anpassung. Kognitive Mobilisierung beschreibt den Anstieg von Bildungsniveau und politischem Interesse und die damit einhergehende Fähigkeit der Wähler, politische Informationen zu verarbeiten.
(Nohlen/Schultze, 2005: Lexikon der Politikwissenschaft, S. 583/ Schulz, Winfried: 2011: Politische Kommunikation, S. 278).

Nanotechnolgie
Nanotechnologie ist ein Technologiebereich, in dem Dimensionen, Abstände und Größen von 0,1 bis 100 Nanometern eine Rolle spielen.
(U. Fiedeler/M. Simkó/A. Gazsó/M. Nentwich: Zur Definition der Nanotechnologie, in: nano trust dossiers, Nr. 001 Mai 2008, S. 1, http://epub.oeaw.ac.at/ita/nanotrust-dossiers/dossier001.pdf)

Neocortex
Der stammesgeschichtlich jüngste Teil der Großhirnrinde. Er wird nur bei Säugetieren gefunden. Beim Menschen bildet der Neocortex den Großteil der Oberfläche des Großhirns (rund 90 %), darunter die Repräsentationen der Sinneseindrücke (sensorische Areale), den für Bewegungen zuständigen Motorcortex und die weiträumigen Assoziationszentren.
(Wikipedia)

New-Economy-Blase
New Economy beschreibt die wirtschaftspolitischen Verhältnisse seit den späten 1990er-Jahren, die durch kontinuierliches Wirtschaftswachstum, ansteigende Produktivität und konstant niedrige Inflationsraten gekennzeichnet waren. Der wirtschaftliche Abschwung in den Jahren 2002/2003 wird auch als Platzen der New-Economy-Blase an den Aktienmärkten beschrieben.
(Nohlen/Schultze, 2005: Lexikon der Politikwissenschaft, S. 613 f.)

NIMBY-Phänomen
Abkürzung für »Not In My Back Yard« (dt.: Nicht in meinem Garten/Hinterhof). Es steht für eine ethische und politische Position, die darauf bedacht ist, Probleme nicht im unmittelbaren Umfeld zu ertragen.
(Wikipedia)

Partizipation

(von spätlat. participatio), Beteiligung der Bürger (freiwillig, individuell und/oder kollektiv im Verbund), um politische Entscheidungen direkt oder indirekt zu ihren Gunsten zu beeinflussen. Im normativen Sinne ist P. nicht nur Mittel zum Zweck, sondern auch Ziel und Wert an sich.

(Nohlen/Schultze, 2005: Lexikon der Politikwissenschaft, S. 675-676)

Partizipatorische Revolution

Vom Sozialwissenschaftler Max Kaase geprägter Begriff. Kaase beschreibt die sozialen Bewegungen der 70er-Jahre als »partizipatorische Revolution« und widerlegt damit das Gabriel A. Almond und Sydney Verba im Jahr 1963 konstatierte Partizipations- und Identifikationsdefizit der Bürger in den westlichen Demokratien.

(Kersting, 2004: Die Zukunft der lokalen Demokratie: Modernisierungs- und Reformmodelle, S. 52)

Planfeststellungsverfahren

Durch ein Planfeststellungverfahren wird die Zulässigkeit eines Bauvorhabens im Hinblick auf alle von ihm berührten öffentlichen Belange geprüft. Neben der Planfeststellung sind keine weiteren behördlichen Genehmigungen oder Erlaubnisse erforderlich.

(Text Leinemann)

Politische Kultur

Von Gabriel A. Almond und Sydney Verba (The Civic Culture, 1963) geprägter Begriff, der die Gesamtheit der subjektiven Einstellungen der Bürger zu ihrem politischen System beinhaltet. Dies können Meinungen (beliefs), Einstellungen (attitudes) oder Werte (values) sein.

(Nohlen/Schultze, 2005: Lexikon der Politikwissenschaft, S. 743)

Postmaterielle Werte

Nach R. Inglehart (Theorie des Wertewandels) eine Wertorientierung, die auf die Erfüllung materieller Bedürfnisse weniger wert legt als auf soziale Bedürfnisse und Selbstverwirklichung. Das Aufkommen neuer sozialer Bewegungen in den 1970er-Jahren wurde mit der Entwicklung postmaterieller Werte begründet.

(Nohlen/Schultze, 2005: Lexikon der Politikwissenschaft, S. 781)

Responsivität

Antwort- bzw. Reaktionsbereitschaft, Zugänglichkeit. Begriff aus der anglo-amerikanischen Demokratietheorie, um die Beziehung zwischen Repräsentanten und Repräsentierten zu erfassen. Eine hohe Responsivität des politischen Systems setzt voraus, dass die Repräsentierten (Bürger) umfangreiche Möglichkeiten haben, ihre Interessen in den politischen Prozess einzubringen.

(Nohlen/Schultze, 2005: Lexikon der Politikwissenschaft, S. 867)

Schieds- bzw. Schiedsgerichtsverfahren

Gesetzlich geregelte Form der privaten und außergerichtlichen Streitschlichtung bzw. -entscheidung. Es basiert auf dem Schiedsverfahrensrecht.

(Vgl. Juraforum Lexikon: http://www.juraforum.de/lexikon/schiedsgerichtliches-verfahren)

Scoring
Statistisches Verfahren zur Bewertung von Dienstleistungen oder anderen gewerblichen und nicht gewerblichen Angeboten durch die Vergabe von Punkten.
(Vgl. cecu.de – Portal für Finanzen und Versicherungen, http://www.cecu.de/lexikon/wirtschaft/1988-scoring.htm)

Shitstorm
Eine öffentliche Aufregung, die ein Unternehmen, eine Organisation oder auch eine einzelne Person zu Recht oder auch zu Unrecht ins Zentrum massiver Kritik stellt.
(Schindler, Masie-Christine/Liller, Tapio, 2011: PR im Social Web. Das Handbuch für Profis, S. 349)

Social Media
Konsumentengenerierter Content, der über leicht zugängliche Onlinetools verbreitet wird.
(Sterne, Jim, 2011: Social Media Monitoring, S. 23)

Souveränitätsverlust
***Souveränität** (frz. souveraineté, aus lat. superanus, »darüber befindlich, überlegen«) bezeichnet in der Politikwissenschaft, Staatslehre und Völkerrecht den konstituierenden Herrschaftsanspruch des modernen Staates nach innen und außen. Der moderne, territorial definierte souveräne Staat ist demnach in seinem Handeln ein unabhängiges, gegenüber anderen Staaten prinzipiell gleiches und freies Subjekt. Unter Souveränitätsverlust versteht man eine Einschränkung dieses unabhängigen Handelns, z. B. durch internationale Politikverflechtung oder Globalisierungseffekte.*
(Nohlen/Schultze, 2005: Lexikon der Politikwissenschaft, S. 899)

Stuttgart 21
Umbauprojekt des Kopfbahnhofes Stuttgart Hauptbahnhof in einen Durchgangsbahnhof. Das Projekt ist seit Jahren umstritten. Am Protest gegen Stuttgart 21 beteiligten sich Zehntausende Menschen, was ein Bürgerbegehren, eine Mediation und letztlich eine Volksabstimmung nach sich zog. Bei dieser wurde ein Ausstieg des Landes aus dem Projekt mit 58,9 Prozent mehrheitlich abgelehnt.
(Wikipedia)

Super-GAU
Ein Super-GAU ist ein »auslegungsüberschreitender Unfall«, bei dem massive Mengen Radioaktivität freigesetzt werden bzw. der GAU nicht mehr beherrschbar, also unkontrolliert ist.
(Paulitz, Henrik: Definition »Super-GAU«: Wenn die Lage außer Kontrolle gerät, http://www2.evangelisch.de/themen/umwelt/definition-super-gau-wenn-die-lage-ausser-kontrolle-geraet36731)

Umweltverträglichkeitsprüfung (UVP)
Die Umweltverträglichkeitsprüfung (UVP) ist ein gesetzlich vorgesehenes, systematisches

Prüfungsverfahren, mit dem im Vorfeld die unmittelbaren und mittelbaren Auswirkungen von Bauvorhaben auf die Umwelt (Natur, Gesellschaft, Wirtschaft) festgestellt, beschrieben und bewertet werden.
(Wikipedia)

Verdichtungsgebiet
Auch ***Verdichtungsraum*** *genannt. Eine spezielle Form von Ballungsgebieten und kleineren großstädtischen Agglomerationen in Deutschland. Ballungsräume sind durch eine sehr hohe Konzentration von Bevölkerung, Wirtschaft und Infrastruktureinrichtungen und damit zusammenhängend durch eine hohe Dichte der Bebauung gekennzeichnet. Sie liegen an starken Knotenpunkten der Verkehrslinien, den sog. Entwicklungsachsen.*
(Wikipedia)

Vorratsdatenspeicherung
Speicherung personenbezogener Daten durch oder für öffentliche Stellen, ohne dass die Daten aktuell benötigt werden.
(Wikipedia)

vox populi
Der lateinische Begriff vox populi (dt. ›Stimme des Volkes‹) ist eine geflügelte Bezeichnung für die öffentliche Meinung. Im allgemeinen Sprachgebrauch wird mit vox populi auch die von Francis Galton experimentell bewiesene Intelligenz der Masse bezeichnet.
(Wikipedia)

Wutbürger
Vom Journalisten Dirk Kurbjuweit im Nachrichtenmagazin »Der Spiegel« geprägter Begriff, der einen neuen Typus von Bürger beschreibt: Bei dem von Kurbjuweit beschriebenen bürgerlichen Personenkreis handele es sich vornehmlich um eine ältere und wohlhabende konservative Personengruppe, die sich mit »Wut« und »Empörung« gegen als Willkür empfundene politische Entscheidungen wendet und sich durch einen wachsenden Protestwillen auszeichnet.

Zersiedelung
Unter Zersiedelung versteht man entweder die Errichtung von Gebäuden außerhalb von bebauten Ortsteilen oder das ungeregelte und unstrukturierte Wachstum von Ortschaften in unbebauten Raum hinein. Zersiedelung ist ein Teilaspekt der Suburbanisierung. Meist wird der Begriff verwendet, um negative Auswirkungen dieses Prozesses zu beschreiben.
(Wikipedia)

Zukunftskonferenz (Bürgerdialog)
Workshops mit heterogenen Teilnehmern, um gemeinsam vergangene politische Prozesse/ Entscheidungen zu analysieren und Maßnahmen für die Zukunft zu entwickeln.
(Text Sinemus)

Literaturverzeichnis

Quellen und weiterführende Literatur

A **Aichholzer, Georg/Bora, Alfons/Bröchler, Stephan/Decker, Michael/Latzer, Michael (Hg.) (2010):** Technology Governance. Der Beitrag der Technikfolgenabschätzung, Berlin 2010.

Alemann, Ulrich von/Klewes, Joachim; Rauh, Christina: Die Bürger sollen es richten. In: Aus Politik und Zeitgeschichte 44-45/2011, »Demokratie und Beteiligung«: S. 25 – 32.

Arns, Christian: Was ist die Merkel eigentlich für ein Mensch? In: Schuster, Christian H. (Hrsg.): Verbandskommunikation für Einsteiger. Ratgeber für Presse- und Öffentlichkeitsarbeit, Lobbying, Mitgliederkommunikation und Fundraising. Berlin/München/Brüssel 2012: S. 55 – 59.

B **Becké, Ana Belle/Hartmann, Franz/Hermann, Christoph/Heyne, Lea/Hoeft, Christoph/Kopp, Julia/Marg, Stine:** Die Proteste gegen den Flughafen Berlin Brandenburg (BER/BBI). Eine explorative Analyse der Protestteilnehmer. Göttinger Institut für Demokratieforschung. Göttingen 2011.

Bergmann, Knut: Zum Verhältnis von Parlamentarismus und Protest. In: Aus Politik und Zeitgeschichte S. 25-26 / 2012, »Protest und Beteiligung«: S. 17 – 23.

Berliner Zeitung vom 2. November 2002,: »Berlin Mitte«.

Berliner Zeitung vom 5. Juni 2009: »Stopp dem Havelausbau«.

Bild-Zeitung vom 30. September 2008,: »Neue Studie beweist: Havel-Ausbau ist und bleibt Blödsinn«.

Bertelsmann Stiftung: Politik beleben, Bürger beteiligen. Charakteristika neuer Beteiligungsmodelle. Gütersloh 2010.

Blümel, Willi: Grundrechtsschutz durch Verfahrensgestaltung. In: Blümel, Willi (Hrsg.): Frühzeitige Bürgerbeteiligung bei Planungen. Schriftenreihe der Hochschule Speyer, Bd. 87, Berlin 1982, S. 23–91.

Bürgerinitiative »Rettet die Marienfelder Feldmark«, Newsletter vom 7. Dezember 2008; www.bimfeldmark.de.

BUND, Landesverband Berlin, Pressemitteilung vom 1. April 2008: »BUND: Stopp des Spreeausbaus – Erfolg für Mensch und Natur«.

BUND, Landesverband Berlin, Pressemitteilung vom 1. April 2008: »Bund stoppt Planungen für den Ausbau der Spree«.

BUND, Landesverband Berlin, Pressemitteilung vom 2. September 2010: »Aktionsbündnis gegen Havelausbau feiert Abschluss der erfolgreichen Havelkampagne«.

Bundesamt für Bauwesen und Raumordnung (Hrsg.): Öffentlichkeitsbeteiligung bei Programmen und Plänen der Raumordnung. Forschungen, Heft 113. Bonn 2003.

Bundesinstitut für Risikoforschung: BfR-Verbraucherkonferenz Nanotechnologie. Modellprojekt zur Erfassung der

Risikowahrnehmung bei Verbrauchern. In: BfR-Wissenschaft 03/2008.

C **olin Crouch:** Postdemokratie, Bonn 2008.

D **alton, Russell:** Citizen Politics: Public Opinion and Political Parties in Advanced Industrial Democracies, Washington 2006.

Dalton, Russel J.: Cognitive Mobilization and Partisan Dealignment in Advanced Industrial Democracies. In: The Journal of Politics Vol. 46, No. 1 (Feb. 1984), S. 264–284, published by: Cambridge University Press.

Danielzyk, R. et al.: Raumordnung und Öffentlichkeitsbeteiligung. In: Raum-Planung 112 (2005), S. 31–36.

Deutsch, Karl W.: The nerves of government: Models of political communication and control, New York 1963.

Dröge, Philip/Messer, Pascal: »European Power Struggles: Can public resistance be overcome?«. In: Volta Newsletter 12/2011 (Science, Technology and Society in Europe), S. 6–13.

E **aston, David:** A systems analysis of political life, New York 1965.

F **ahrun, Joachim: Berlin Trend:** Berliner freuen sich auf den neuen Flughafen BER. In: Berliner Morgenpost, 20.04.2012.

Frankfurter Allgemeine Sonntagszeitung vom 28. April 2008: »Ein 185-Meter-Schiffsverbund wird kommen«.

Frey, Bruno/Stutzer Alois: Prozessnutzen in der Demokratie. In: Reh-binder/Usteri (Hg.): Glück als Ziel der Rechtspolitik, Bern 2002, S. 193–209.

G **altung, Johan/Ruge, Mari Holmboe:** The Structure of Foreign News. The Presentation of the Congo, Cuba and Cyprus Crises in Four Foreign Newspapers. In: Journal of Peace Research, 1965: 64 – 91.

Grube, Volker/Zoerner, Birgit: Öffentlichkeitsarbeit für Reformprojekte. Kampagnen, Dialoge, Profile. Dortmund 1995.

Grüne Liga Berlin, Pressemitteilung vom 28. September 2012: »Die GRÜNE LIGA Berlin gratuliert dem Havelbündnis«.

H **adler, Markus/Haller, Max:** Wie viel »Umwelt« wollen die Menschen? Über Umwelteinstellungen und die Chancen der demokratischen Umweltpolitik. In: Forum Wissenschaft und Umwelt: Demokratie und Umweltkrise. Brauchen wir mehr Mitbestimmung?, Interdisziplinär 14/2011. München 2011.

Hinnes, Hannes: Partizipative Prozesse als Teil der Unternehmenskultur. In: Profile 17/09 2009.

Hirshman, Albert O.: Engagement und Enttäuschung. Über das Schwanken der Bürger zwischen Privatwohl und Gemeinwohl, Frankfurt 1984.

Hutterer, Sven/Teune, Simon: Deutschlands Protestprofil im Wandel. In: Aus Politik und Zeitgeschichte 25–26 / 2012, »Protest und Beteiligung«: S. 9 – 17.

Höbel, Peter/Hofmann, Thorsten Compliance Management: Krisen- und Risikomanagement, Eschborn 2009, Management Circle Verlag GmbH.

Hofmann, Thorsten/Leinemann, Ralf: »Die Furcht vor dem Wutbürger überwinden«. In: Pressesprecher 03/2012, S. 13 – 15.

Illeris, S. (1981): Dänische Erfahrungen mit Bürgerbeteiligung in der Regionalplanung. Informationen zur Raumentwicklung, S. 63–68.

Inglehart, Ronald: Modernisierung und Postmodernisierung. Kultureller, wirtschaftlicher und politischer Wandel in 43 Gesellschaften, Frankfurt/Main 1998.

Kaase, Max: Partizipatorische Revo-lution – Ende der Parteien? In: Raschke, Joachim (Hrsg.): Bürger und Parteien. Ansichten und Analysen einer schwierigen Beziehung. Opladen 1982, S. 173-189.

Katherina Reiche, Newsletter vom 4. September 2008, www.katherina-reiche.de.

Kersting, Norbert/Baldersheimer, Harald (Hg.): Electronic voting and democracy, London 2004.

Kersting, Norbert: Innovative Partizipation: Legitimation, Machtkontrolle und Transformation. Eine Einführung. In: Kersting, Norbert (Hg.): Politische Beteiligung. Einführung in dialogorientierte Instrumente politischer und gesellschaftlicher Partizipation, S. 11–40, Wiesbaden 2008.

Kilb, Andreas: Berliner Großflughafen. Arkadien riecht nach Kerosin. In: FAZ Online, 29.09.2010.

Kleinfeld, Ralf/Zimmer, Annette/Willems, Ulrich (Hrsg.): Lobbying. Strukturen, Akteure, Strategien. Wiesbaden 2007.

Kotsch, Ralph: Ungerecht, aber unausweichlich. In: Berliner Zeitung, 26.01.2012.

Kurbjuweit, Dirk: Der Wutbürger. In: Der Spiegel, Ausgabe 41/2010.

Landwehrkanal-Blog vom 1. April 2008,: »Etappensieg des Havelbündnisses: 800 Bäume gerettet!«

Lijphart, Arend: Democracies. Patterns of majoritarian and consensus government in twenty-one countries, New Haven 1984.

Lobo, Sascha: Die Dagegen-Öffentlichkeit. In: Spiegel Online, 30.03.2011.

Luhmann, Niklas: Aufsätze und Reden, hrsg. v. Oliver Jahraus, Stuttgart 2001.

Luhmann, Niklas: Einführung in die Systemtheorie, hrsg. v. Dirk Baecker, Heidelberg 2001.

Märkische Oderzeitung vom 29. November 2009: »Verbände hoffen auf Stopp des Havelausbaus«.

Merkle, Hans: Lobbying. Praxishandbuch für Unternehmen. Darmstadt 2003.

NABU, Landesverband Berlin, Pressemitteilung vom 23. September 2009: »Havelausbau: Ufer sollen verschont bleiben«.

Potsdamer Neueste Nachrichten vom 2. April 2004: »Weniger Eingriffe beim Havelausbau – Umdenken nach Protest und reduzierten Prognosen«.

Potsdamer Neueste Nachrichten vom 5. August 2005: »Ein Bad gegen den Havelausbau. Aktionsbündnis nennt Havelbadetag Werbung«

Priebs, A. (1991): Dorfbezogene Politik und Planung in Dänemark unter sich wandelnden gesellschaftlichen Rahmenbedingungen. Kieler Geographische Schriften 75, Kiel 1991.

Priebs, A.: Regionalplanung in Dänemark. Hannoversche Geographische Arbeitsmaterialien, Band 22. Hannover 2000.

R oth, Roland: Occupy und Acampada: Vorboten einer neuen Protestgeneration? In: Aus Politik und Zeitgeschichte 25–26/2012, »Protest und Beteiligung«: S. 36 – 43.

Rucht, Dieter: Massen mobilisieren. In: Aus Politik und Zeitgeschichte 25-26/2012, »Protest und Beteiligung«: S. 3 – 9.

S charpf, Fritz W.: Legitimacy in the multilevel European polity, Köln 2009.

Schwenn, Kerstin: Nur mit Bürgerbeteiligung. In: Frankfurter Allgemeine Zeitung, 09/2011

Shah, Tarik: Die Feste Fehrmarnbeltquerung. Planungsstand und Dialogansatz. Vortrag auf dem Politikkongress 2011, Berlin 2011.

Stiftung Naturschutz Berlin, Pressemitteilung vom 21. September 2012: »Berliner Naturschutzpreis für Havelretter«.

Süddeutsche Zeitung vom 31.10.2011: »Schluss mit dem Gemaule!«.

Süssmuth, Rita: Demokratie: Mangelt es an Offenheit und Bürgerbeteiligung? In: Aus Politik und Zeitgeschichte 44-45/2011, »Demokratie und Beteiligung«: 3 – 7.

T ake, Ingo: Zwischen Lobbyismus und Aktivismus: Der Wandel der Einflussstrategien von Umweltverbänden auf internationaler Ebene. In: Kleinfeld, Ralf/Zimmer, Annette/Willems, Ulrich (Hrsg.): Lobbying. Strukturen, Akteure, Strategien. Wiesbaden 2007: S. 196 – 216.

V oß, Dr. Rainer/Kockler, Nick: »Stuttgart 21«: Konsequenzen für Gesetzgebung und Praxis. Konflikt Dynamik, 1. Jahrgang, Heft 1/2012.

W alter, Franz: Studie über »Wutbürger«. Alt, stur, egoistisch. In: Spiegel Online, 08.09.2011.

Watzlawick, Paul/Beavin, Janet H./Jackson, Don D.: Menschliche Kommunikation. Formen, Störungen, Paradoxien, Bern, Stuttgart, Toronto 1969.

Wolsink, Maarten: »Invalid Theory Impedes our Understanding: a Critique on the Persistence of the Language of NIMBY«. In: Transactions of the Institute of British Geographers, Vol. 31, Issue 1, 2006, S. 85 – 91.

Z orn, Thomas: Lieber mit Elektronik für weniger Unfälle sorgen. In: Frankfurter Allgemeine Sonntagszeitung, 24. November 1991: S. 5.

Internetquellen

Links

BMZ (27.02.2012): 2. Runder Tisch Desertec, Download unter: http://www.bmz.de/de/presse/aktuelleMeldungen/2012/februar/20120227_pm_49_energie/index.html

Bruckmüller (2005): Wurzeln des modernen Parlamentarismus, Download unter: http://www.parlament.gv.at/ZUSD/PDF/Bruckmueller_Wurzeln_Parlamentarismus.pdf

CDU.de (26.11.2010): Mappus: Wir müssen die Bürger besser informieren und mehr auf sie zugehen, Download unter: http://www.cdu.de/portal2009/26423_31945.htm

Göttinger Institut für Demokratieforschung (2011a): Neue Dimensionen des Protests? Ergebnisse einer explorativen Studie zu den Protesten gegen Stuttgart 21, Download unter: http://www.demokratie-goettingen.de

Göttinger Institut für Demokratieforschung (2011b): Die Proteste gegen den Flughafen Berlin Brandenburg (BER/BB). Eine explorative Analyse der Protestteilnehmer, Download unter: http://www.demokratie-goettingen.de

Göttinger Institut für Demokratieforschung (2011c): Stuttgart 21 nach dem Schlichtungsverfahren. Ergebnisse einer zweiten Untersuchung zu den Protesten gegen Stuttgart 21, Download unter: http://www.demokratie-goettingen.de

Informationen zur Fehmarnbeltquerung: Download unter: http://www.femern.de/

Informationen zum Bürgerhaushalt der Stadt Frankfurt am Main: Download unter: http://www.ffm.de/

Lexikoneintrag Mediation/Schlichtung im Gabler Wirtschaftslexikon: Download unter: http://wirtschaftslexikon.gabler.de/Definition/mediation.html?referenceKeywordName=Mediator

Landeszentrale für politische Bildung Baden Württemberg: Schlichtung Stuttgart 21, Download unter: http://www.lpb-bw.de/schlichtung_s21.html

Stern.de (04.05.2011): Vertrauen in die Politik schrumpft rapide, Download unter: http://www.stern.de/politik/deutschland/stern-umfrage-vertrauen-in-die-politik-schrumpft-rapide-1681035.html

Stern.de (08.10.2010): Mappus für mehr Bürgerbeteiligung bei künftigen Großprojekten, Download unter: http://www.stern.de/news2/aktuell/mappus-fuer-mehr-buergerbeteiligung-bei-kuenftigen-grossprojekten-1611699.html

Stiftung Mitarbeit (2002): Erste deutsche »Konsensus-Konferenz« zum Thema: »Streitfall Gendiagnostik«, Download unter: http://www.mitarbeit.de/497.99.html

Abbildungsverzeichnis

PR-BIBLIOTHEK

BAND 6

PR-Bibliothek – Standardwerke der deutschen PR

Liebe Leserinnen und Leser,

die Menschen lassen sich nicht mehr alles vor die Nase setzen. Sie wollen frühzeitig informiert und eingebunden werden, wollen ihre Sichtweisen berücksichtigt sehen. Der Druck auf Politik und Unternehmen wächst, Teilhabe zu ermöglichen. Zugleich mehren sich die Befürchtungen, dass von ausgeweiteten Verfahren vor allem einzelne Bevölkerungsschichten profitieren. Die Debatte um neue Formen der Partizipation läuft auf Hochtouren. Viele Akteure, gerade in der Kommunikation, sind verunsichert.

Das Buch von Prof. Dr. Thorsten Hofmann und Prof. Dr. Kristina Sinemus greift diese Debatte auf und liefert zahlreiche Ansätze. In 15 Beiträgen nehmen die Autorinnen und Autoren Stellung zu unterschiedlichen Aspekten und nähern sich dem Phänomen steigender Teilhabe aus unterschiedlichen Blickwinkeln an.

Herausgeber dieses 6. Bandes der PR-Bibliothek ist die Deutsche Presseakademie, eine der führenden Aus- und Weiterbildungsinstitutionen für das Berufsfeld Public Relations. Das Unternehmen sieht es als eine seiner primären Zielsetzungen an, die Professionalisierung der PR aktiv mitzugestalten. Vor diesem Hintergrund hat sich die Deutsche Presseakademie zur Aufgabe gemacht, sowohl PR-Praktikern, Quereinsteigern und Berufsanfängern eine Plattform zu bieten, mit der ein lebenslanger Erwerb von Kenntnissen und Erfahrungen unterstützt wird. Die Deutsche Presseakademie schafft dadurch neben den Studiengängen und Seminaren einen weiteren Zweig der Wissensvermittlung.

Christian Arns
Akademieleiter der Deutschen Presseakademie

Bereits erhältlich:

Band 1
Erschienen
Juli 2010

Band 1

HANDBUCH PR-RECHT

Auf ca. 550 Seiten mit über 1.600 Fundstellen präsentieren die seit Jahren im PR-Bereich tätigen Autoren – Rechtsanwälte Alexander Unverzagt und Claudia Gips – in 19 ausführlichen Kapiteln die rechtlichen Fallstricke in der PR-Kommunikation.

Alexander Unverzagt
Rechtsanwaltskanzlei Unverzagt – von Have

Claudia Gips
Rechtsanwaltskanzlei Unverzagt – von Have

Preis: **44,90 Euro** (**zzgl. 2,95 Euro Versandkosten**)

ISBN **978-3-942263-03-0**

Bereits erhältlich:

Band 2
Erschienen
September
2010

Band 2

GRUNDLAGEN DER INTERNEN UNTERNEHMENSKOMMUNIKATION

Der Band von Susanne Knorre und Ulrike Buchholz hilft, den gegenwärtigen und zukünftigen Herausforderungen in der Internen Unternehmenskommunikation besser gewachsen zu sein, und bietet einen vollständigen, in Modulen aufgebauten Leitfaden.

Ulrike Buchholz
Professorin für Unternehmenskommunikation, FH Hannover

Susanne Knorre
Unternehmensberaterin und Professorin am Institut für Kommunikationsmanagement, FH Osnabrück

Preis: **29,90 Euro** (zzgl. 2,95 Euro Versandkosten)

ISBN **978-3-942263-04-7**

Bereits erhältlich:

Band 4
Erschienen
September
2012

Band 4

RISIKO- UND KRISENKOMMUNIKATION

Das Handbuch gibt PR-Anfängern eine prägnante und komprimierte Einführung und sensibilisert PR-Profis für die Anforderungen der Kommunikation in risiko- und krisenträchtigen Situationen. Die Experten Hartwin Möhrle und Petra Hoffmann zeigen in theoretischen Kapiteln Krisenverläufe und die »Goldenen Regeln« der Krisenkommunikation.

Hartwin Möhrle
Geschäftsführender Gesellschafter und Mitbegründer der Kommunikationsagentur A&B One

Petra Hoffmann
Seniorberaterin bei der Kommunikationsagentur A&B One

Preis: **24,90 Euro** (zzgl. 2,95 Euro Versandkosten)

ISBN **978-3-942263-14-6**